Mathe ist noch mehr

Paul Jainta · Lutz Andrews · Alfred Faulhaber ·
Bertram Hell · Eike Rinsdorf · Christine Streib

Mathe ist noch mehr

Aufgaben und Lösungen der Fürther
Mathematik-Olympiade 2012–2017

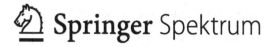 Springer Spektrum

Paul Jainta
Förderverein Fürther Mathematik
Olympiade e.V.
Schwabach, Deutschland

Lutz Andrews
Röthenbach, Deutschland

Alfred Faulhaber
Schwabach, Deutschland

Bertram Hell
Altdorf, Deutschland

Eike Rinsdorf
Stein, Deutschland

Christine Streib
Karlstadt, Deutschland

ISBN 978-3-662-56650-3   ISBN 978-3-662-56651-0 (eBook)
https://doi.org/10.1007/978-3-662-56651-0

Die Deutsche Nationalbibliothek verzeichnet diese Publikation in der Deutschen Nationalbibliografie;
detaillierte bibliografische Daten sind im Internet über http://dnb.d-nb.de abrufbar.

Springer Spektrum
© Springer-Verlag GmbH Deutschland, ein Teil von Springer Nature 2018

Verantwortlich im Verlag: Andreas Rüdinger

Gedruckt auf säurefreiem und chlorfrei gebleichtem Papier

Springer Spektrum ist ein Imprint der eingetragenen Gesellschaft Springer-Verlag GmbH, DE und ist
ein Teil von Springer Nature.
Die Anschrift der Gesellschaft ist: Heidelberger Platz 3, 14197 Berlin, Germany

„*Viele Male schaut der Wille durchs Fenster,
ehe die Tat durch das Tor schreitet!*"
(Erasmus von Rotterdam 1469–1536)

Geleitwort

Fördern und Fordern ist eine immer wieder gern gehörte Maxime für die Schule, insbesondere für das Gymnasium. Wie kann dies aber in der Praxis umgesetzt werden? Seit vielen Jahrhunderten sind anspruchsvolle Aufgaben der richtige Weg gewesen. Die Frage nach dem Mehrkörperproblem der Gravitation, die Millennium-Probleme, die Hilbert'schen Probleme oder viele andere haben berühmte Mathematiker beschäftigt und die Mathematik um neue Gebiete bereichert. Auch wenn diese Fragen keine Aufgaben für Schülerinnen und Schüler waren, im Sinne von Herausforderung sind gute Aufgaben das beste Rüstzeug, um Mathematik zu erlernen und zu betreiben. Die Aufgaben des Schülerwettbewerbs Fürther Mathematik-Olympiade (FüMO, fuemo.de) sind die passenden Fragestellungen, die altersgemäß Schülerinnen und Schüler dazu bringen sollen, sich gefordert zu fühlen und dabei gefördert zu werden.

Nehmen wir eine Aufgabe, die zwar nicht bei FüMO gestellt worden ist, die ich aber bei einem Besuch in Frankreich gesehen habe. (In Frankreich sind Wettbewerbe Teil des Mathematikunterrichts, fast jede Schule richtet eine „rallye mathématique" aus, nach Klassen gestaffelt und auch schulübergreifend.)

„Wie viele fünfstellige Zahlen gibt es, deren Querprodukt 20 000 beträgt?"

Eine gute Aufgabe besitzt oft eine kurze, klare Fragestellung, wobei gelegentlich einige Begriffe unbekannt sind. Die Bearbeitung erfordert einmal Kenntnisse und auch die Freiheit, Fragen zu stellen. Hier überrascht der Begriff „Querprodukt". Wenn man eine Quersumme kennt, kann man das Querprodukt erschließen. Oder man sucht den Begriff unter Wikipedia.

Wie geht man vor? Man beginnt mit Beispielen. Eine Null kann als Ziffer nicht vorkommen, dann ist das Querprodukt ebenfalls null. Eine fünfstellige Zahl liegt zwischen 10 000 und 99 999, etwa 12 345, dann ist das Querprodukt 120, das ist aber viel zu klein. Oder 55 555, das Querprodukt ist 3 125, immer noch zu klein. Die Zahl 88 888 hat das Querprodukt 32 768 und ist damit größer als 20 000. Welche Teiler hat 20 000? Mit den Kenntnissen über die Primfaktorzerlegung erhält man $20\,000 = 2^4 \cdot 5^3 = 16 \cdot 125$, das sind aber sieben Ziffern. Somit muss man die Zweierpotenz umwandeln, denn die Produkte von 5 werden zweistellig. 16 ist $2 \cdot 8$

oder $4 \cdot 4$. Das bedeutet, $\{5, 5, 5, 2, 8\}$ oder $\{5, 5, 5, 4, 4\}$ kommen als Ziffern in den fünfstelligen Zahlen vor. Wie viele davon gibt es? Ich breche die Lösungssuche ab.

Was kennzeichnet eine gute Aufgabe, die Schülerinnen und Schüler herausfordert? Einmal ist es das Neue, Unerwartete in der Fragestellung. Interesse wecken unbekannte Begriffe, die man erarbeiten muss. Dann sucht man gezielt nach weiteren Beispielen, die schon viele Bedingungen erfüllen, aber nicht alle. Und schließlich eine Fallunterscheidung.

Alle diese Kriterien erfüllen die seit vielen Jahren beliebten Aufgaben der Fürther Mathematik-Olympiade. Daher ist es wichtig, in einer Publikation weitere Aufgaben an die Öffentlichkeit zu bringen.

Die Fürther Mathematik-Olympiade, Sektion Mittelfranken, ist nicht nur ein Wettbewerb in Hausaufgabenform. Alle Preisträger erleben bei einer feierlichen Preisverleihung einen anspruchsvollen und interessanten Vortrag über ein mathematisches Thema. Es ist fast schon eine Vorlesung. Dankenswerterweise tragen die Professoren und Mitarbeiter des Departments Mathematik der Friedrich-Alexander-Universität Erlangen-Nürnberg gern vor und verschaffen so den Siegerinnen und Siegern einen ersten Kontakt mit der Hochschule. Weiterhin sind alle 70 bis 90 Preisträger auch Gast beim Department Mathematik zum „FüMO-Tag". Diese ganztägigen Veranstaltungen kurz vor den Sommerferien in den Räumen des Departments bieten in vier Workshops neue Fragestellungen, die im Team in einer knappen Stunde bearbeitet werden. Sie werden unterstützt und begleitet von Lehramtsstudierenden, die immer wieder über das Wissen und die Fähigkeiten der interessierten Schülerinnen und Schüler überrascht sind. Ich stelle eine Aufgabe vor, die 2011 an die Teilnehmer gerichtet wurde.

Wir betrachten die Zahlenfolge $3n + 1$, die sogenannte Collatz-Vermutung: Man nehme eine beliebige ganze Zahl. Wenn sie ungerade ist, multipliziere sie mit 3 und addiere 1; wenn die Zahl gerade ist, dividiere die neue Zahl durch 2. Fahre immer so fort, bei 1 endet die Rechnung. (Es ist bis heute nicht bewiesen, dass alle Folgen mit der Zahl 1 enden!)

Finde möglichst lange Zahlenfolgen. Mit welcher Zahl sollte man beginnen?

Fühlen Sie sich als Leserin und als Leser angesprochen? Setzen Sie sich hin, beginnen Sie mit kleinen Zahlen, und Sie werden sehr verblüfft sein. Es ist auch erlaubt, einen Taschenrechner zu verwenden, denn überraschenderweise werden einige Folgenglieder ziemlich groß.

Die Förderung und Forderung mathematischen Geistes ist die Triebfeder dieses wichtigen Wettbewerbs. Mit diesem Buch können weitere Übungen und Aufgaben bearbeitet werden, die den Schülerinnen und Schülern viel Freude bereiten werden.

Karel Tschacher, Akad. Dir. a. D.
Department Mathematik, Friedrich-Alexander-Universität Erlangen-Nürnberg
Erlangen, im Mai 2018

Einige Stimmen zum Wettbewerb

„Es ist zwar nicht sofort zu seh'n, doch im Prinzip macht Lösen schön!" Dieser Aphorismus hätte ein tolles Wettbewerbsmotto für einen Mathematikwettkampf sein können. Der Spruch würde ebenso gut in unseren Werbealltag hineinpassen, denn wir leben in einer (Werbe-)Welt, die Kooperation und Wettbewerb immer stärker verbindet.

Auch ein Mathematikwettbewerb lebt von vielseitiger Kooperation, von vielen Ideen und Aktivitäten: von Lehrkräften, Schulleitungen, Hochschulpersonal, Studenten, finanziellen Unterstützern, Eltern – und natürlich von den Adressaten, den Schülerinnen und Schülern. Das Team der Fürther Mathematik-Olympiade weist aber ein besonderes Spezifikum aus: Eltern ehemaliger Teilnehmer arbeiten bei der Auswahl neuer Fragestellungen mit.

Und noch ein Bonmot wäre wie geschaffen für einen Mathewettstreit. Es stammt von Prof. Querulix (Pseudonym) (geb. 1946), einem deutschen Aphoristiker und Satiriker: „Wettbewerb ist die beste Medizin gegen Phantasielosigkeit und Bequemlichkeit."

Wie schauen nun die direkt und indirekt Beteiligten an der FüMO selbst auf den Wettbewerb?
Vorausgeschickt sei ein generelles Loblied auf die Bedeutung von Wettbewerben. Das hohe Lob zollt der amtierende Präsident der Deutschen Mathematiker-Vereinigung, Prof. Dr. Michael Röckner, Uni Bielefeld. Er sagt: „Für die Mathematik gilt das Gleiche wie für den Sport: Ohne ‚Breitensport' und frühzeitige Talentsuche [...] kann man die internationale Konkurrenzfähigkeit nicht erhalten und keine Weltspitzenleistungen in der Schlüssel-Wissenschaft Mathematik erwarten."

Was sagen Schulen?
„We are thrilled to take part in the FüMO maths contest in 2017–18" (Metropolitan School Frankfurt).

„Bei dieser Olympiade ist Denksport gefragt" (Schmuttertal-Gymnasium Diedorf).

Ein Halbmarathon ist für viele Menschen eine sportliche Herausforderung. Mit der folgenden Aufgabe aus der 24. Fürther Mathematik-Olympiade wird er zum Denksport: „Karl und Carola nehmen an einem Halbmarathon teil. Am Ende kommen vor Karl doppelt so viele Teilnehmer ins Ziel wie hinter Carola und vor Carola liegen dreimal so viele Teilnehmer wie hinter Karl, der Platz 21 belegt" (Gymnasium Landau a. d. Isar).

„Bei diesem bayernweiten Wettbewerb waren Aufgabenstellungen zu bearbeiten, die weit über die Lehrplaninhalte ihrer Jahrgangsstufe hinausführen: Knobeln, kreatives Denken, lückenlose Beweisführung und Ausdauer waren gefragt" (Tassilo-Gymnasium Simbach/Inn).

„Im Gegensatz zu einigen anderen Wettbewerben erfolgt die Bearbeitung nicht unter Klausurbedingungen und auch nicht im Multiple-Choice-Verfahren; die Schüler sollen sich vielmehr über längere Zeit hinweg, zum Teil während der Schulferien, mit einem mathematischen Problem auseinandersetzen und ihre Lösung dann verständlich darstellen. Dies erfordert ein Durchhaltevermögen, das heutzutage selten geworden ist. Umso erfreulicher ist es, dass gerade dieser Wettbewerb an unserer Schule regelrecht zum ‚Renner‘ geworden ist" (Maria-Ward-Gymnasium Bamberg).

„Die FüMO stellt ein besonderes Markenzeichen der Metropolregion dar und ist ein Werbeträger für mathematische Begabungen in der Region. Unsere Preisträger/innen sind deshalb ein wichtiger Bestandteil der Werbung für das Fach Mathematik im Großraum Nürnberg–Fürth–Erlangen und für ganz Bayern. Durch Spielen in Mußestunden werden kreative Fertigkeiten und Fähigkeiten besonders geformt und unbewusst handlungsorientiertes Lernen in angenehmer Atmosphäre gefördert. Wir hoffen, dass wir diese schöne Tradition der Preisträger mathematischer Wettbewerbe auch in Zukunft aufrechterhalten können, und wünschen allen interessierten Schüler/innen Mut, die Aufgaben anzugehen und dann weiterhin viel Spaß beim Knobeln zu haben " (Gymnasium Eckental).

Zwei Stimmen von Hochschulen

„. . . eine faszinierende Welt der Mathematik jenseits des Schulfachs. Die Aufgaben sind [. . .] problemlösungsorientiert und nicht rein kalkulatorisch. Typischerweise gibt es nicht nur eine Lösung", erklärt Karel Tschacher vom Lehrstuhl für Didaktik der Mathematik den kleinen, aber feinen Unterschied und fügt hinzu: „Dies war der Aufgabentyp, bei dem in der Pisa-Studie deutsche Schüler wegen der fehlenden Übung große Defizite hatten." Doch auch die spielerische Beschäftigung mit Mathematik lässt sich üben und erkennen. „Die Motivation ist durchaus vorhanden. Häufig fehlt nur die Anregung von außen", weiß Tschacher (mediendienst.fau-aktuell, Nr. 3144 vom 17.07.2003).

„Die FüMO bedeutet für die Schülerinnen und Schüler nicht nur eine sportliche Herausforderung und ein intellektuelles Kräftemessen. Sie sollen auch erleben, was Mathematik [. . .] ist und dabei manche Vorurteile hinter sich lassen. Mathematik besteht ja nicht nur aus Rechnen. Viel wichtiger ist ein kreatives Herangehen an Problemstellungen und die Fähigkeit zu analytischem Denken", erläutert der Wettbewerbsorganisator (von FüMO Oberfranken), Prof. Dr. Thomas Peternell (Universität Bayreuth). „Das ist anstrengend, aber macht viel Spaß, der den Teilnehmern [. . .] deutlich anzumerken war [. . .] Dieser mathematische Denksport wäre auch etwas für Erwachsene. Eine Aufgabe für Schüler der 6. Klasse lautete zum Beispiel: Welches ist die kleinste Zahl, in der alle Ziffern von 0 bis 9 vorkommen und die durch 5, 6, 8 und 9 teilbar ist? Ist diese Zahl auch durch 7 teilbar?"

Zur Lösung müsse man etwas von Zahlentheorie verstehen. Eine Wissenschaft für den Elfenbeinturm? „Überhaupt nicht", widerspricht Prof. Dr. Peternell. „Moderne Datensicherheit wäre ohne Zahlentheorie völlig undenkbar" (Medienmitteilung der Universität Bayreuth, Nr. 140/2011 vom 21.07.2011).

Und was erfährt man aus der Presse über FüMO?

„Erfreulicherweise gibt es noch Schüler, die sich über den Unterrichtsalltag hinaus in Wettbewerben für Mathematik interessieren. Im Wettstreit werden hervorragende Möglichkeiten geboten, Jugendliche an Denk- und Arbeitsweisen heranzuführen, für die im herkömmlichen Unterricht immer weniger Zeit bleibt." (https://www. mainpost.de/regional/rhoengrabfeld © *Main-Post* 2018)

„Über 200 Schüler aus 19 Gymnasien nahmen an der 22. FüMO in Schwaben teil, und sie bewiesen mit viel Kreativität und mathematischem Können, dass sich eine Frühförderung in Mathematik lohnt. Die Olympiade ist einer der größten Mathematikwettbewerbe in Deutschland. Durch ihre Ausrichtung auf die Jahrgangsstufen fünf bis acht des Gymnasiums stellt die Olympiade eine Form der Begabtenförderung dar, die sich speziell an junge Schüler wendet. [...] Am Schluss der Siegerehrung war klar: Mathe macht Spaß, Mathe vermittelt wichtige Erkenntnisse und eine Beschäftigung mit ihr lohnt sich [...]" (*Augsburger-Allgemeine* vom 31.07.2014).

„[...] Für das Bestehen der zwei Runden, brauchte man schon eine gehörige Portion Durchhaltevermögen. Die Fähigkeit, Eigeninitiative zu entwickeln und selbstständig zu arbeiten, wird in unserer Arbeitswelt immer mehr an Bedeutung gewinnen: Dieser Wettbewerb stellt also eine sehr gute Übung dafür dar." (*Eichstätter Kurier* vom 20.10.2016).

Einschätzungen einiger Teilnehmer

„Die Aufgaben sind eine Herausforderung. Ich bin stolz, wenn ich eine gelöst habe."

„Sie sind auf ganz unterschiedlichen Wegen zu lösen."

„Sie benötigen wenige (mathematische) Kenntnisse und sind dennoch bzw. gerade deshalb schwierig zu knacken."

„Man sitzt davor und hat erst mal keinen Plan."

„Faszinierend ist auch die Phase des Aufschreibens einer Lösung: Sie gestaltet sich oft viel schwieriger als gedacht."

„Es fallen einem immer (noch) Lücken auf."

„FüMO? Das ist immer irgendwas mit Streichhölzern."

„Am besten gefallen mir Probleme, an denen ich stundenlang brüten und herumknobeln kann, bis ein Geistesblitz kommt und mir die Lösung wie Schuppen von den Augen fällt. Dieses Aha-Erlebnis ist einzigartig."

Das Schlusswort hat der Bayerische Philologenverband. Er erinnert in einer Anzeige daran („Zukunft fördern und gestalten"), „dass der Blick nicht nur in Richtung schwächerer Schüler gehen darf", und fordert daher mehr Ressourcen für Begabtenförderung. Das Gymnasium ist die Schulart, die vor allem auch besonders begabte Schülerinnen und Schüler besuchen."

Gefunden von Paul Jainta

Vorwort

„Das ist ewig wahr: wer nichts für andere tut, tut nichts für sich."
J.W. von Goethe

Am Anfang war die Litfaßsäule. Damals vor 27 Jahren, wie auch heute noch, steht sie im Souterrain des Gymnasiums Stein bei Nürnberg. Sie ist die Werbefläche für das „Problem des Monats" gewesen, das für die Unter-, Mittel- und Oberstufe angeboten wurde.

Dort wurde in den Jahren 1990 bis 1994 die Urform für das jetzige Wettbewerbsformat Fürther Mathematik-Olympiade ausprobiert, ein hausinterner mathematischer Wettkampf. Monatlich wurde je eine Knobelaufgabe für die Klassen 5 bis 7 und 8 bis 10 gestellt, die zu Hause bearbeitet werden durfte. Die erfolgreichsten Teilnehmer wurden am Ende des Schuljahres geehrt und mit kleinen Preisen bedacht. Bei der Suche nach weiteren Aufgaben stieß der Autor jedoch bald auf weitere Kolleginnen und Kollegen, die an ihren Schulen ähnliche Wettbewerbe durchführten oder mit neuen Formen der Begabtenförderung experimentierten. Vereinzelt wurden die Aufgaben mit anderen Schulen des Großraums Nürnberg (z. B. Hans-Sachs-Gymnasium, Nürnberg) ausgetauscht. Allmählich reifte daraus die Idee, die Anstrengungen der vielen an Mathematikwettbewerben interessierten, engagierten, einzelkämpferischen Kolleginnen und Kollegen zu koordinieren.

Die Litfaßsäule, die Projektionsfläche für „Mathe im Tiefparterre", wird damit zum Geburtsort der Fürther Mathematik-Olympiade. Sie ist die Leitfigur des Wettbewerbs. Die orangebraune Säule erinnert noch heute an die angepinnten Aufgaben- und Lösungsblätter des schulinternen Mathematikwettbewerbs. Sie hatte sich seinerzeit rasch zum Treff für einen mathematischen Gedankenaustausch unter Schülern entwickelt.

In einem Schreiben vom 9.10.1990 an die sechs Fürther Stadt- bzw. Landkreisgymnasien hieß es noch: „Was ein wenig nach der feuerfesten Knetmasse Fimo aus der Bastelecke klingt, ist die [...] eingängige Abkürzung für die Fürther Mathematik-Olympiade (FüMO) ...", deren Premiere mit diesem Brief an die sechs Schulleitungen angekündigt wurde und seitdem als Auftakt zu einer neuen

Wettbewerbsidee gilt. Der Start der allerersten Runde erfolgte am Mittwoch, den 14.10.1992.

Aus diesem unscheinbaren Ereignis ist mittlerweile ein stattlicher Apparat erwachsen. Im Schuljahr 2017/18 geht der Wettbewerb in das 26. Jahr. Die Herauslösung des zweistufigen mathematischen Schülerwettstreits aus der schulinternen Plattform und seine Übertragung auf die kommunale bzw. (über)regionale Ebene haben dieser Maßnahme ihren Namen gegeben. Der Wettbewerb hat eine rasche Verbreitung gefunden. Inzwischen wird er in den sieben Regierungsbezirken Bayerns angeboten, und seit über 15 Jahren behauptet er sich auch in der Bundeshauptstadt Berlin gegen ältere und größere Konkurrenz (als FüMO Berlin). Mit weit über 2 000 Teilnehmern ist die Fürther Mathematik-Olympiade seit wenigen Jahren nun offiziell auch als Einstiegswettbewerb der sehr erfolgreichen bayerischen Wettbewerbspyramide anerkannt.

Was sich so trocken liest, besitzt gleichwohl einen überraschenden und spannenden Hintergrund. Als damaliger Gymnasiallehrer gehörte ich in den 1980er Jahren zu den wenigen westlichen Beziehern der früheren DDR-Schülerzeitschrift *ALPHA*. Ich war sehr angetan von der Idee eines mathematischen Schülerwettbewerbs wie der Olympiade Junger Mathematiker (OJM), deren Grundgedanke mittlerweile als Mathematik-Olympiade (MO) im wiedervereinten Deutschland überlebt hat und sehr erfolgreich weitergeführt wird. Lutz Andrews, der alle Texte, Aufgaben und Lösungen dieses Buches gesetzt hat, wuchs im Ostteil der Republik mit *ALPHA* auf und ist sogar mehrmaliger Teilnehmer an der OJM gewesen.

Im Westen gab es zur selben Zeit bis auf den Bundeswettbewerb Mathematik kaum eine vergleichbare Fördermaßnahme für jüngere talentierte Schüler, vor allem keine Möglichkeiten zur dauerhaften Entfaltung ihrer schlummernden mathematischen Fähigkeiten. Und so entwarf ich seinerzeit die Idee, auf diesem wettbewerbsmäßig (noch) unterentwickelten Gebiet zumindest einen verwandten mathematischen Wettlauf für bayerische Schüler aufzubauen.

Mittlerweile sind weit über 100 Gymnasien und Realschulen aus allen Teilen Bayerns, aus Berlin und sogar aus Wien hinzugekommen. Vermutlich wird sich zu Jahresbeginn 2018 entscheiden, ob die 25 International Schools in Deutschland ebenfalls dazustoßen werden. Dann wäre der Wettbewerb nicht nur ein Förderangebot für Mathematik, sondern auch eine außergewöhnliche Maßnahme zur Formung deutscher Sprachkenntnisse. Haben sich im ersten Jahr des Bestehens von FüMO nur 19 Schülerinnen und Schüler an beiden Runden beteiligt, waren es ein Jahr später bereits 54, und der Wettbewerb hat zunehmend Anklang gefunden, was sich auch in den Teilnehmerzahlen niederschlug. Seit Einführung des Landeswettbewerbs Mathematik Bayern (1998) hat die Fürther Mathematik-Olympiade nurmehr die Schüler der Klassen 5 bis 8 im Fokus. Er ist aber weiterhin ein Wettbewerb, der aus zwei Hausaufgabenrunden besteht (Herbst/Frühjahr).

Der Wettbewerb FüMO ist seit vielen Jahren zu einem sehr effektiven „Trainingsgelände" und Gradmesser zur Identifizierung und Weiterleitung von jungen Mathetalenten zu weiterführenden und vertiefenden Fördermaßnahmen (z.B. Jugend trainiert Mathematik, Landeswettbewerb, Mathematik-Olympiade, Bundeswettbewerb) herangereift. Einige ehemalige FüMO-Preisträger haben es sogar bis in die bundesdeutsche Mannschaft für die Internationale Mathematikolympiade (IMO) geschafft, zuletzt je ein früherer Teilnehmer aus Nürnberg bzw. Würzburg.

Problemlösen zählt später auch im Berufsleben als Qualitätsmerkmal. Es ist ein hoch kreativer Prozess! Doch bleibt im Schulalltag dafür oft nicht ausreichend Raum. Wo sollen Schüler dann aber im Laufe ihrer Schulzeit lernen, mathematische bzw. analytische Probleme systematisch und flexibel anzugehen? Dazu bedarf es eines gewissen Repertoires an Fertigkeiten und Verfahren, auf das man nach Belieben zurückgreifen kann. Aber dieses Grundwissen soll nicht unbedingt für Knobelaufgaben abgerufen werden, sondern vor allem für sogenannte offene Probleme, wie sie bei der Fürther Mathematik-Olympiade fast ausschließlich vorkommen. Sie sind ihr Markenzeichen. Die wahre Kreativität zeigt sich eben bei der Erkundung von unbekannten oder verschleierten Aufgabenstellungen. Darin liegt ja der eigentliche Reiz solcher Aufgaben: Auf den ersten Blick wird oftmals gar nicht klar, wo hier überhaupt Mathematik drinsteckt. Ähnlich wie im Bereich des Modellierens gibt es bei diesem Wettbewerb verschiedene Abstufungen, auf denen Problemlösen stattfindet. Einfache Lockvogel- bzw. Einstiegsaufgaben sollen in erster Linie Interesse wecken. Sie zeichnen sich aber auch dadurch aus, dass kein unmittelbares Standardverfahren zur Verfügung steht oder benötigt wird, um eine schnelle Lösung aufzuschreiben.

Die zweiten und vor allem die dritten Aufgaben jeder Runde sind anspruchsvoller. Sie erfordern zur Lösungsfindung bereits etwas mehr Forschergeist und Erfahrung im Anwenden unterschiedlicher Strategien (systematisches Probieren, Rückwärtsarbeiten, geschicktes Zählen, Fähigkeit zur Verallgemeinerung u.v.m.), aber auch Hartnäckigkeit und Ausdauer. Vor allem sollen die Fragestellungen Spaß an der außerschulischen Beschäftigung mit Mathematik vermitteln. Dies kann durch Charakter und Typ der Aufgabenstellungen noch unterstützt werden. Die Reichhaltigkeit der Probleme ist groß. Sie umfasst u.a. logische Rätsel, Zahlenspielereien, zahlentheoretische Fragen, Spiele und Geometri(sch)e(s) in ungewöhnlichen Situationen oder „Verpackungen". Zudem etikettieren wir die Probleme seit 2011 mit treffenden oder witzigen Überschriften, die kurz das jeweilige Stoffgebiet anreißen sollen, etwa Zebra-Zahlen, Mäusejagd, Zettelwirtschaft oder Platz für Schafe.

Das Geheimnis für den Aufstieg des Wettbewerbs vom unscheinbaren schulinternen Ereignis in der Provinz bis über die Grenzen der Region und Bayerns hinaus liegt sicherlich in der neuen Art der Fragestellung, die inzwischen auch in Schulbücher Eingang gefunden hat. Lange vor den Misserfolgen deutscher Schüler bei PISA oder der Einführung des G8 zusammen mit neuen Mathematiklehrplänen hat sich unter Schülern und Lehrern herumgesprochen, dass FüMO-Aufgaben Themen aus dem Schulunterricht ganz anders transportieren bzw. unter ungewöhnlich(er)en Blickwinkeln ausleuchten. Dazu gehört die Einsicht, dass Jüngere – für Erwachsene nicht unmittelbar durchschaubar – oftmals abweichende Denkschemata verwenden, um zu Ergebnissen oder Lösungen eines Problems zu gelangen. Diese Betrachtungsweisen sind vor allem dazu da, komplexe Problemlösungsprozesse aufzubrechen, damit unterschiedliche Facetten des Lösens von Fragestellungen in Form handlicher Verfahren dauerhaft eingeübt werden können.

Schüler versuchen oft, inner- und außermathematische Problemstellungen mit eigenen Worten wiederzugeben; sie erkunden sie, stellen Vermutungen auf und zerlegen sie in Einzelfragen. Schülerarbeiten aus über 25 Jahren Wettbewerbsgeschichte illustrieren ein bunt schillerndes Kaleidoskop von individuellen Darstellungsformen sowie genutzten mathematischen Methoden und Strategien. Wo anders als bei einem Hausaufgabenwettbewerb kann man diese verschiedenen Lösungswege ohne Zeitdruck einschlagen, sie überprüfen, bewerten und hat die Möglichkeit, mehrere Lösungen abzuwägen? Dafür bietet das Buch reichlich Übungsmaterial.

Schülerinnen und Schüler können im Umgang mit unkonventionellen Problemen auch noch auf andere Weise einen besonderen Nutzen ziehen. Wer gerne knobelt, kann sich im Wettstreit mit Gleichaltrigen messen. Zudem bereitet ein Angebot wie FüMO auf weiterführende Wettbewerbe vor; dadurch können sie ihre Erfolgsaussichten steigern. Bei Seminaren oder mehrtägigen überregionalen Wettkämpfen lernt man weitere Mitkämpfer kennen, die dasselbe Hobby teilen. Und nicht zuletzt bildet die regelmäßige Beschäftigung mit den Aufgaben oder die Teilnahme an verschiedenen Wettbewerben eine hervorragende Grundlage für ein späteres Ingenieurstudium oder einen natur- bzw. wirtschaftswissenschaftlichen Studiengang respektive ein Mathematikstudium.

Auch Lehrkräften liefert ein derartiges Angebot erste Fingerzeige, begabte Schülerinnen und Schüler frühzeitig zu erkennen und ohne großen Zeitaufwand schulintern zu fördern. Ausgewählte Probleme lassen sich hervorragend in Intensivierungsstunden, Matheklubs oder Pluskursen einsetzen. Oder man wählt zugkräftige Probleme aus der 5. Jahrgangsstufe aus, um einen frühen schuleigenen Mathewettbewerb zu planen, evtl. in Zusammenarbeit mit Oberstufenschülern. Generell bieten die Schulordnungen auch die Möglichkeit, individuell erzielte Wettbewerbsergebnisse zur Notenbildung heranzuziehen.

Schließlich können Schulen mit solchen Veranstaltungen zusätzliche Netze knüpfen, etwa lebendige Kontakte zu verschiedenen Hochschulen; dadurch wird eine weitere Öffnung der Schule nach außen beschleunigt. Der Verein Fürther Mathematik-Olympiade e. V. hat diesbezüglich mehrere Partnerschaften mit Hochschulen in ganz Bayern angeregt, um dort etwa Preisverleihungen, Hochschultage oder Workshops für die Wettbewerbssieger auszurichten. Seit Anfang November 2017 organisiert etwa das Department Mathematik der Friedrich-Alexander-Universität Erlangen-Nürnberg zusammen mit FüMO e. V. einmal im Monat einen Schülerzirkel für die Metropolregion Nürnberg. Zusätzlich gibt es Berührungspunkte mit (Fach-)Hochschulen durch Besuchsmöglichkeiten oder einen vielfältigen Informationsaustausch, Gewinnung von Referenten, Beratungen zu Seminarthemen u. v. m. Die sieben Regionalwettbewerbe FüMO in Bayern werden von je einer Stützpunktschule gesteuert. Das jeweilige Zentrum und auch alle anderen teilnehmenden Schulen bekommen auf diese Weise zusätzliche Möglichkeiten der Begabtenförderung. Schuleigene Sieger bei derartigen Wettbewerben erhöhen natürlich auch das Renommee der Schule.

Der Wettbewerb FüMO ist seit Einführung bei der Langen Nacht der Wissenschaften vertreten, der besucherstärksten biennalen Großveranstaltung im deutschsprachigen Raum, und steht dort am zentralen Kreuzungspunkt mehrerer S-Bahn-,

Bus- und Straßenbahnlinien im Nicolaus-Copernicus-Planetarium Nürnberg in direktem Kontakt mit Tausenden Besuchern. Dort können sich Interessierte – Schüler, Eltern, Neugierige aller Art – über die Zielsetzungen des Wettbewerbs informieren und einmal den „Duft" von Wettbewerbsaufgaben schnuppern. Die Durchführung von FüMO erfolgt ausschließlich ehrenamtlich. Die Aufgabenstellungen werden zentral für Bayern und Berlin von einem Team aus engagierten Lehrern und Eltern erstellt. Dies ist ein weiteres bemerkenswertes Markenzeichen des Wettbewerbs, wenn nicht sogar einmalig in der gesamten bundesdeutschen Wettbewerbslandschaft: Eltern früherer Preisträger oder auch ehemaliger Teilnehmer bringen sich in die Organisation selbst ein, um ein wenig von dem Spaß zurückzugeben, den ihre Kinder beim Lösen der Aufgaben empfunden haben. Alle Korrekturen und die finalen Preisverleihungen erfolgen jeweils dezentral durch die Regionalleitungen. Die Siegerehrungen finden unabhängig voneinander in individuell gestalteten, würdevollen Rahmenveranstaltungen jeweils vor Beginn der Sommerferien statt.

Die Preisträger dürfen zusätzlich und regional verschieden an einem FüMO-Tag, Mathematikseminar oder Workshop an einer Universität (Bayreuth, Erlangen, Passau oder Würzburg), FH (Aschaffenburg, Regensburg) oder einem Gymnasium (z. B. Dossenberger-Gymnasium Günzburg in Verbindung mit der Uni Augsburg) teilnehmen. Diese Veranstaltungen werden in der Regel in Kooperation mit Professoren, Mitarbeitern oder Lehramtsstudenten organisiert. Ein Sonderfall ist dabei Berlin. An der Katholischen Schule Liebfrauen in Charlottenburg finden jedes Jahr neu zusammengesetzte und rührige Teams aus Schülern und Studenten unter der Leitung von Gudrun Tisch zueinander, die den Wettbewerb dort ausrichten und an der Schule einen FüMO-Tag veranstalten. Das Berliner Team wurde übrigens schon zweimal als „Mathemacher des Monats" von der Deutschen Mathematiker-Vereinigung (DMV) ausgezeichnet, zuletzt im Juni 2013. Jeweils im September vor Beginn eines neuen Wettbewerbsjahrgangs stellt die Berliner Mathe-Crew einen Workshop für mathematikbegeisterte „Neulinge" aus den 5. und 6. Klassen aus ganz Berlin auf die Beine. Anhand älterer FüMO-Aufgaben werden die wissbegierigen Novizen dabei von Oberstufenschülern behutsam an die Lösung von Wettbewerbsproblemen herangeführt.

Wie bereits dargelegt, müssen sich Mathematik und Kreativität keineswegs ausschließen. Sie gehen vielmehr eine gesunde Symbiose ein. Davon zeugt nicht zuletzt der Erfolg von FüMO. Der Wettbewerb kann nur noch mithilfe von sehr viel „Manpower" und großzügigen Spendengeldern organisiert werden kann. Das Anfangsduo aus dem vergangenen Jahrtausend hat sich inzwischen zu einem richtigen Team gemausert. Anders wäre die gesamte Logistik aus Aufgabenauswahl, Erstellung von Musterlösungen und Layout, Distribution der Wettbewerbsunterlagen, Betreuung der „Filialen" in den Regierungsbezirken, Pressearbeit, Preisverleihung, Kooperation mit Hochschulen u. v. a. m. nicht mehr zu bewältigen.

Der vorliegende Band enthält die Aufgaben der 21. bis 25. FüMO, getrennt nach Jahrgangsstufen und Lösungsstrategien für Aufgaben. Eine noch strengere Unterteilung liefert das Sachverzeichnis. Hier lassen sich Fragestellungen u. a. nach Begriffen finden (Außenwinkelsatz, binomische Formel, Kombination, Teilbarkeitsregeln u. v. m.). Dies ermöglicht eine schnelle Orientierung, wenn ein bestimmter Aufgabentypus gesucht wird. Am Ende jeder Aufgabe gibt es einen Hinweis darauf, wo die Lösung zu finden ist. Im Lösungsteil wird für jede Aufgabe in Klammern auf den Ursprung der Aufgabe verwiesen. So bedeutet z.B. die Ziffernfolge 72321, dass es sich um die 1. Aufgabe der 2. Runde der 23. FüMO für die 7. Klasse handelt. Wir empfehlen ausdrücklich, mit dem Buch zu arbeiten, etwa in Arbeitsgemeinschaften, Pluskursen, Zirkeln, zur Lockerungsübung im Unterricht zwischendurch oder in der Vertretungsstunde bzw. als Anregung für Hausaufgaben und zum Selbststudium.

Die Finanzierung des Wettbewerbs erfolgt durch Sponsoren über den Verein Fürther Mathematik-Olympiade e. V. Der Verein wurde im November 2000 gegründet. Vereinsziel ist laut Auszug aus der Satzung „das frühzeitige Erkennen mathematisch begabter [...] Schülerinnen und Schüler, die Weckung und besondere Förderung ihres Interesses an der Wissenschaft Mathematik und der mathematischen Bildung". Dahinter verbirgt sich eine einfache Philosophie: Mathe ist mehr als eintöniges Rechnen. Mathematik ist abenteuerlich und wunderbar zugleich. Viele Fragen lassen sich einfach formulieren und mittelbar lösen – vielleicht auch erst beim zweiten Versuch. Der „Preis", den man dafür entrichten muss, ist kreatives Denken, eine Prise Pfiffigkeit und eine Portion Ausdauer.

Ausdauer hat der Wettbewerb selbst bewiesen. Aus dem Verborgenen sind die Aufgaben mittlerweile von der Litfaßsäule aus dem Keller in die hellen, digitalen Werbeflächen unzähliger Schulen, mithin in die Infrastruktur der Informationsgesellschaft, gewandert. Oder auch: Von der runden Sache im Untergeschoss mutierte die Fürther Mathematik-Olympiade zu einer insgesamt runden Sache. Die alte Litfaßadresse ist längst gegen eine neue eingetauscht: fuemo.de.

Schwabach, im Mai 2018   *Paul Jainta StD i. R.*
                                                                             Vors. des Vereins FüMO e. V.

Danksagung

„Denken und danken sind verwandte Wörter;
wir danken dem Leben, in dem wir es bedenken."
(Thomas Mann)

Den Autoren Lutz Andrews, Alfred Faulhaber, Bertram Hell, Paul Jainta, Dr. Eike Rinsdorf und Christine Streib gebührt großer Dank für ihr Bemühen, die Aufgaben und Lösungstexte auf Ungereimtheiten durchzusehen, die Aufgaben nach Themenbereichen, Lösungsstrategien und nach Klassenstufen zu ordnen, das alphabetische Stichwortverzeichnis anzulegen und schließlich sorgfältig Korrektur zu lesen.

Ein besonderer Dank gehört hierbei Lutz Andrews, der alle Texte, Tabellen, Verzeichnisse und Grafiken in LATEX gesetzt hat.

Das Kernteam FüMO verdient ebenfalls einen tiefen Dank für seinen Einsatz als Aufgaben„ausdenker" und Organisator vor Ort. Darin einschließen wollen wir auch alle Lehrkräfte an den Schulen und alle Schulleitungen, die den Wettbewerb seit vielen Jahren unterstützen. Nicht zu vergessen natürlich die Korrektoren und die jeweiligen Organisationsteams für die FüMO-Tage bzw. Mathetage in den betreffenden Hochschuleinrichtungen.

Ein ganz großes Dankeschön gehört insbesondere allen Teilnehmenden am Wettbewerb und den anspornenden Eltern, die diese Wettbewerbsform Jahr für Jahr zu einem großartigen Ereignis machen.

Das Unternehmen „FüMO" wäre ohne eine jahrelange Unterstützung durch Sponsoren nicht möglich. Stellvertretend für die letzten Wettbewerbsjahre möchten wir uns recht herzlich bedanken bei der Vorstandsvorsitzenden der Hermann Gutmann Stiftung Nürnberg, Frau Angela Novotny, für die bisher gewährten großzügigen finanziellen Hilfen und bei Frau StDin Dr. Cornelia Kirchner-Feyerabend, der Vorsitzenden des Bayerischen Philologenverbands Bezirk Mittelfranken, für die bereitgestellten Fördergelder.

Schließlich danken wir Herrn Dr. Andreas Rüdinger und Frau Bianca Alton vom Springer-Verlag für die nachhaltige und freundliche Begleitung des Buchprojekts und dessen Aufnahme in das SpringerSpektrum-Programm.

Zuletzt geht ein ganz spezieller Dank an Heinz Klaus Strick, den Autor des prächtigen Bandes *Mathematik ist schön* aus demselben Programm. Verfasser Strick hat uns den Kontakt mit dem Springer-Verlag vermittelt, in dem wir nun unseren Aufgabenband herausbringen dürfen.

Paul Jainta

Inhaltsverzeichnis

Teil III   Lösungen

Die Autoren

Lutz Andrews ist Mathematiker und arbeitet in der Industrie. Seit vielen Jahren setzt er sich für die Förderung mathematischer Talente, sei es bei der FüMO, den Mathematik-Olympiaden in Bayern und Deutschland oder bei JuMa, ein.

Alfred Faulhaber war Lehrer für Mathematik und Physik am Sigmund-Schuckert-Gymnasium Nürnberg. Als Autor verfasste er eine Reihe von Schulbüchern in Mathematik für die Oberstufe am Gymnasium. Er war außerdem tätig in der Spitzenförderung Mathematik in Bayern und als Mentor bei JuMa (Jugend trainiert Mathematik). Seit 1995 arbeitet er maßgeblich als Organisator und Aufgabensteller bei der Fürther Mathematik-Olympiade mit.

Bertram Hell organisiert als Lehrer für Mathematik und Physik seit 30 Jahren einen Mathematikwettbewerb an seinem Gymnasium. Neben seiner langen Mitarbeit bei FüMO hat er viel Erfahrung als Korrektor beim Bundes- und Landeswettbewerb Mathematik in Bayern entwickelt und ist Mentor bei Jugend trainiert Mathematik (JuMa).

Paul Jainta ist der „Erfinder" der Fürther Mathematik Olympiade und hat auch den Landeswettbewerb Mathematik Bayern in den Anfangsjahren als Geschäftsführer mitgestaltet. Seit Gründung im Jahr 2000 ist er 1. Vorsitzender des Fördervereins FüMO e.V. Als Mitglied in der Aufgabengruppe 7/8 der Mathematik Olympiade und Koordinator im Projekt JuMa engagiert er sich zusätzlich in der Förderung mathematischer Begabungen. Ferner hat der Autor mehrere Fachartikel auf dem Gebiet „Mathematische Wettbewerbe" verfasst und in der Vergangenheit zwei Aufgabenrubriken in der Zeitschrift „alpha" und im Newsletter der EMS geleitet und betreut.

Dr. Eike Rinsdorf war Lehrer für Mathematik und Physik am Dietrich-Bonhoeffer-Gymnasium in Oberasbach. Seit der zweiten Runde der 1. FüMO war er an Korrektur und Aufgabenstellung beteiligt. Seit der Gründung des Fördervereins FüMO e.V. bis zum Jahr 2017 war er als Kassierer des Vereins tätig. Neben der

Arbeit bei FüMO hat er auch eine ganze Reihe von Jahren beim Landeswettbewerb Mathematik in Bayern Erfahrung bei der Aufgabenstellung und Korrektur
gesammelt.

Christine Streib unterrichtet seit 1981 Mathematik und Geographie am Gymnasium. Ihr besonderes Anliegen war und ist es, Schülerinnen und Schüler von der 5.
Klasse an bis zum Abitur durch ungewöhnliche und spannende Aufgaben heraus-
zufordern und zu fördern, damit sie erfahren, dass Mathematik Spaß macht.

Teil I
Aufgaben der 5. und 6. Jahrgangsstufe

Kapitel 1
Zahlenquadrate und Verwandte

Inhaltsverzeichnis

1.1 Gerechte Teilung

Anja möchte

a) ein 4 × 4-Quadrat
b) ein 5 × 5-Quadrat, dem das mittlere Feld fehlt (graue Fläche)

längs der Linien in jeweils vier Teile gleicher Größe und gleicher Form zerschneiden (Abb. 1.1).

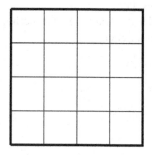 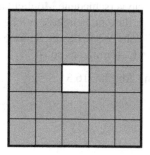

Abb. 1.1 4 × 4- bzw. 5 × 5-Qudadrat

In Fall a) findet sie sechs verschiedene, in Fall b) sieben verschiedene Zerlegungen.

© Springer-Verlag GmbH Deutschland, ein Teil von Springer Nature 2018
P. Jainta et al., *Mathe ist noch mehr*, https://doi.org/10.1007/978-3-662-56651-0_1

Findest du ebenso viele? Zeichne sie. (Durch Spiegelung und Drehungen einer Lösung entstandene Zerlegungen werden dabei nicht neu gezählt.)

(Lösung Abschn. 16.1)

1.2 Vier im Quadrat

Iris soll in die weißen Felder des Quadrats (Abb. 1.2) Kreuze so setzen, dass sich in jeder Zeile und in jeder Spalte genau ein Kreuz befindet.

a) Iris findet fünf Lösungen. Welche könnte sie entdeckt haben?
b) Begründe, dass es nicht mehr als fünf Lösungen geben kann.

(Lösung Abschn. 16.2)

Abb. 1.2 4 × 4-Quadrat

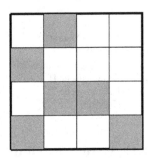

1.3 5 aus 25

Wähle fünf Felder so aus, dass aus jeder Zeile und jeder Spalte genau ein Feld kommt (Abb. 1.3).

a) Wie viele verschiedene Möglichkeiten gibt es dafür?
b) Addiere für eine beliebige solche Fünf-Felder-Auswahl die Nummern der Felder. Welche Werte für die Summe sind dabei möglich?
   Begründe, warum das so ist.

(Lösung Abschn. 16.3)

Abb. 1.3 5 aus 25
im Quadrat

1	2	3	4	5
6	7	8	9	10
11	12	13	14	15
16	17	18	19	20
21	22	23	24	25

1.4   Mindestens 2 Unterschied

Stefan möchte die Felder des Quadrats (Abb. 1.4) so ergänzen, dass

(1) in jeder Zeile und in jeder Spalte jede der Zahlen von 1 bis 5 genau einmal vorkommt und

(2) sich zwei Zahlen um mindestens 2 unterscheiden, wenn sie waagerecht oder senkrecht aneinandergrenzen.

a) Begründe, warum im Feld in Zeile 5 und Spalte 3 keine 4 stehen kann.

b) Begründe, warum im Feld in Zeile 5 und Spalte 4 keine 1 stehen kann.

c) Zeige Stefan, wie das Quadrat vollständig ausgefüllt aussieht.

Abb. 1.4 2 Unterschied im
Quadrat

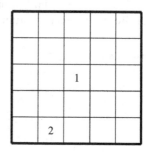

(Lösung Abschn. 16.4)

1.5   Das magische H

Anja möchte sechs verschiedene natürliche Zahlen so in die Kreise einsetzen, dass jede Summe der Zahlen, die auf einer geraden Linie liegen, denselben Wert S hat (Abb. 1.5).

a) Anja findet eine Lösung, bei der S minimal ist. Gib eine solche Lösung an und zeige, dass es kein kleineres S gibt.

b) Bestimme eine Lösung mit möglichst kleinem S, in der die Zahlen 2014 und 2015 vorkommen.

Abb. 1.5 Magisches H

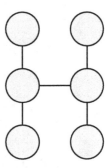

(Lösung Abschn. 16.5)

1.6   Das magische T

Anja möchte sechs aufeinanderfolgende Zahlen in die Kreise einsetzen. Dabei soll der Summenwert der Zahlen, die auf einer geraden Linie liegen, jeweils gleich sein (Abb. 1.6).

a) *Zeige*: Für die Zahlen 3 bis 8 gibt es eine Lösung.

b) Finde weitere fünf Lösungen mit mindestens einer anderen Zahl.

c) Begründe genau, warum es keine weiteren Lösungen geben kann.

Abb. 1.6 Magisches T

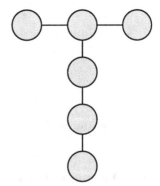

(Lösung Abschn. 16.6)

1.7 Knödelei

Anja zeichnet ein 3 × 3-Quadrat. Durch die waagerechten und senkrechten Linien entstehen 16 Schnittpunkte. Elf davon kennzeichnet sie willkürlich mit schwarzen „Knödeln". Dann schreibt sie in jedes Kästchen die Anzahl der „Knödel", die dieses jeweils an seinen Ecken enthält (Abb. 1.7).

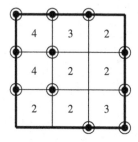

Abb. 1.7 Quadrate und Knödel

a) Übertrage das rechte Quadrat auf dein Blatt und zeichne Knödel so ein, dass die Zahlen in den kleinen Quadraten dazu passen.
b) Verteile in einem 3 × 3-Quadrat 13 Knödel so, dass die Summe aller Zahlen in den Kästchen möglichst klein wird. Begründe, warum es keine kleinere Summe geben kann.

(Lösung Abschn. 16.7)

Kapitel 2
Zahlenspielereien

Inhaltsverzeichnis

2.1 Dreisame Zahlen

Mia nennt eine natürliche Zahl (nicht 0) dreisam, wenn in ihrer Dezimaldarstellung nur die Ziffern 0 oder 3 oder beide vorkommen, z. B. sind 33, 300, 330, 33 303 dreisame Zahlen.

a) Mia schreibt alle dreisamen Zahlen auf, die kleiner als 10 000 sind.
   Wie viele sind es?
b) Wie viele zehnstellige dreisame Zahlen gibt es?
c) Begründe, warum eine dreisame Zahl keine Quadratzahl sein kann.
   Tipp: Betrachte die Endziffern.

(Lösung Abschn. 17.1)

© Springer-Verlag GmbH Deutschland, ein Teil von Springer Nature 2018
P. Jainta et al., *Mathe ist noch mehr*, https://doi.org/10.1007/978-3-662-56651-0_2

2.2 Zebra-Zahlen

Eine natürliche Zahl mit mindestens drei Stellen heißt Zebra-Zahl, wenn man für ihre Darstellung mit zwei Ziffern auskommt, wobei nie gleiche Ziffern nebeneinanderstehen. So sind z. B. 373, 7 070 und 4 646 464 Zebra-Zahlen.
Iris denkt sich alle Zebra-Zahlen der Größe nach geordnet: 101 ist die erste Zebra-Zahl, 121 die zweite, 131 die dritte usw.

a) Bestimme die 2 012. Zebra-Zahl.
b) Die Zebra-Zahl 4 141 . . . 414 besitzt 2 012 Dezimalstellen.
     Welche Platznummer hat sie?

(Lösung Abschn. 17.2)

2.3 Seltsamer Summenvergleich

Welche Zahl muss für das Quadrat $\square$ stehen, wenn die Summe

$$1 + 4 + 9 + 16 + 25 + \ldots + 9\,801 + 10\,000 + \square$$

denselben Wert haben soll wie die Summe

$$17 + 26 + 37 + 50 + 65 + \ldots + 10\,001 + 10\,202?$$

Diese Aufgabe soll ohne Berechnung der beiden Summen gelöst werden.
     (Lösung Abschn. 17.3)

2.4 Zebra-Zahlen mit der Quersumme 14

Anja untersucht Eigenschaften von Zebra-Zahlen. Das sind natürliche Zahlen mit mindestens drei Stellen, bei denen man für ihre Darstellung mit zwei Ziffern auskommt, wobei nie gleiche Ziffern nebeneinanderstehen. So sind z. B. 373, 7 070 und 4 646 464 Zebra-Zahlen.

a) Anja möchte herausfinden, welches die kleinste Zebra-Zahl ist, die man ohne Rest durch 14 teilen kann. Kannst du ihr helfen? Bestimme die Lösung.
b) Nun sucht Anja nach allen Zebra-Zahlen mit der Quersumme 14. Kannst du ihr diese Zahlen der Größe nach geordnet angeben?

(Lösung Abschn. 17.4)

2.5 Würfelstange

Anna klebt mehrere Spielwürfel in einer Reihe zu einer Stange zusammen, wobei die Augenzahlen von jeweils zwei miteinander verklebten Flächen gleich sind. Im Kopf addiert sie alle Augenzahlen auf der Oberfläche der Stange. Anna erhält als Summe 222. Kann dies stimmen?
(Lösung Abschn. 17.5)

2.6 Addieren und Dividieren

Anja gibt sich die Zahlen 12 und 3 vor. Dann rechnet sie:

$$12 + 3 = 15, \quad 15 : 3 = 5, \quad 15 + 5 = 20, \quad 20 : 5 = 4,$$
$$20 + 4 = 24, \quad 24 : 4 = 6, \quad 24 + 6 = 30, \quad 30 : 6 = 5.$$

Anja schreibt alle zehn Zahlen der Reihe nach auf: 12, 3, 15, 5, 20, 4, 24, 6, 30, 5.

a) Berechne die nächsten zehn Zahlen, die Anja so aufschreiben würde.
b) Welche Zahlen würde Anja bei dieser Zahlenfolge als 2013. und 2014. Zahl erhalten?

(Lösung Abschn. 17.6)

2.7 Verwischte Ziffern

Leo berechnet an der Tafel das Produkt von zwei zweistelligen Zahlen. Nach der Pause sind alle Ziffern außer einer 9 verwischt:

$$\_\_ \cdot 9\_ = \_\_\_$$

a) Warum kann das dreistellige Ergebnis nicht die Endziffer 6 haben?
b) Wie viele verschiedene solche Rechenaufgaben gibt es, wenn in der Aufgabe statt einer 9 eine 8 steht?

(Lösung Abschn. 17.7)

2.8 Schlangenmuster

Simon schreibt die Zahlen 1, 2, 3, ... der Reihe nach in das Schlangenmuster der grauen Felder (Abb. 2.1). Alle restlichen Felder füllt er mit der 1. Dabei ist links *von unten nach oben* die Zeilennummer 1 bis 4 und unten *von links nach rechts* die Spaltennummer angegeben. Die Zahl 23 z. B. hat die Zeilennummer 3 und die Spaltennummer 13.

a) Bestimme die Zeilen- und Spaltennummer der Zahl 2 015.
b) Bestimme die Summe aller Zahlen in Zeile 1 bis 4 und Spalte 1 bis 2 015.
   Hinweis: $1 + 2 + 3 + \ldots + n = n \cdot (n + 1) : 2$.

(Lösung Abschn. 17.8)

4	4	5	6	7	8	1	1	1	18	19	20	21	22	1	1	1	32	33	..	
3	3	1	1	1	9	1	1	1	17	1	1	1	23	1	1	1	31	1	..	
2	2	1	1	1	10	1	1	1	16	1	1	1	24	1	1	1	30	1	..	
1	1	1	1	1	11	12	13	14	15	1	1	1	25	26	27	28	29	1	..	
	1	2	3	4	5	6	7	8	9	10	11	12	13	14	15	16	17	18	..	...

Abb. 2.1 Schlangenmuster

2.9   Coole Zahlen

Marco nennt eine Zahl *cool*, wenn alle Ziffern der Zahl verschieden sind und von je zwei benachbarten Ziffern immer eine der beiden ein Vielfaches der anderen ist. Die Ziffer 0 kommt dabei nicht vor.
Beispiel: 51 284 ist eine coole Zahl, da alle Ziffern verschieden sind, 5 ein Vielfaches von 1, 2 ein Vielfaches von 1 sowie 8 ein Vielfaches von 2 und 4 ist.

a) Begründe, warum es keine neunstellige coole Zahl geben kann.
b) Bestimme die größte und die kleinste achtstellige coole Zahl.

(Lösung Abschn. 17.9)

2.10   Dreizimalzahlen

Fümoaner rechnen manchmal auch im Dreiersystem mit Kommazahlen, bei denen die Stellen nach dem Komma der Reihe nach für die Bruchwerte $\frac{1}{3}, \frac{1}{9}, \frac{1}{27}, \ldots$ stehen. Die Dreizimalzahl $(0{,}221)_3$ z. B. beschreibt den Bruch

$$2 \cdot \frac{1}{3} + 2 \cdot \frac{1}{9} + 1 \cdot \frac{1}{27} = \frac{18}{27} + \frac{6}{27} + \frac{1}{27} = \frac{25}{27}.$$

a) Schreibe $(0{,}1212)_3$ als vollständig gekürzten Bruch.
b) Bestimme die Kommadarstellung von $\frac{116}{162}$ im Dreiersystem.
c) Auch im Dreiersystem gibt es unendliche Kommazahlen.
   Welche Zahl versteckt sich wohl hinter $(0{,}2222\ldots)_3$?

(Lösung Abschn. 17.10)

2.11 Ähnliche Zahlen

Lutz nennt zwei verschiedene natürliche Zahlen ähnlich, wenn beide Zahlen von jeder Ziffer dieselbe Anzahl enthalten.
Beispiel: 1 020 und 2 010 sind ähnlich, da beide die 0 genau zweimal, die 1 und die 2 genau einmal, alle anderen keinmal enthalten.

a) Wie viele Zahlen sind zu 2 015 ähnlich?
b) Zu welchen vierstelligen Zahlen gibt es keine ähnlichen Zahlen?
c) Die Zahl 343 hat die Eigenschaft, dass genau zwei weitere Zahlen zu ihr ähnlich sind. Wie viele dreistellige Zahlen haben noch diese Eigenschaft?

Hinweis: Eine mehrstellige Zahl beginnt nie mit der Ziffer 0.
(Lösung Abschn. 17.11)

2.12 Kleines Einmaleins

Baue mit allen Ziffern 1, 2, 3, ..., 9 eine neunstellige Zahl, bei der immer die Zahl aus zwei benachbarten Ziffern von links nach rechts ein Ergebnis aus dem kleinen Einmaleins ergibt.
Beispiel: 324 981 567 ist keine Lösung, obwohl $32 = 8 \cdot 4$, $24 = 6 \cdot 4$, $49 = 7 \cdot 7$ Ergebnisse im kleinen Einmaleins sind, $98 = 14 \cdot 7$ jedoch nicht.
(Lösung Abschn. 17.12)

2.13 Ziffernzahlen

Simon betrachtet nur zehnstellige Zahlen, die mindestens einmal die 0 enthalten, z. B. 2 500 015 100. Er schreibt nun der Reihe nach auf, wie oft in dieser Zahl die Ziffern von 0 bis 9 vorkommen. Für 2 500 015 100 erhält Simon Tab. 2.1. Die dabei entstehende Zahl 5 210 020 000 nennt Simon die Ziffernzahl von 2 500 015 100.

a) Welche Zahlen haben die Ziffernzahl 8 000 000 002?
b) Simon findet eine zehnstellige Zahl, die eine Ziffernzahl ohne 0 ergibt. Welche könnte das sein?
c) Gib eine Zahl an, die mit ihrer Ziffernzahl übereinstimmt.
d) Simon beginnt mit der Zahl 8 100 000 001. Er wendet sein Verfahren 2 016-mal an. Welche Zahl erhält er?

Tab. 2.1 Ziffernzahlen

Ziffer	0	1	2	3	4	5	6	7	8	9
Anzahl	5	2	1	0	0	2	0	0	0	0

(Lösung Abschn. 17.13)

2.14 Kalenderbruch

Im Bruch $\frac{F \cdot E \cdot B \cdot R \cdot U \cdot A \cdot R}{M \cdot A \cdot I}$ sollen die Buchstaben in den Produkten im Zähler und Nenner durch einstellige Zahlen ersetzt werden. Gleiche Buchstaben werden durch gleiche Zahlen, verschiedene Buchstaben durch verschiedene Zahlen ersetzt.

a) Bestimme den größtmöglichen Wert des Bruches.
b) Welchen kleinsten Wert kann der Bruch annehmen?
c) Wie viele verschiedene Möglichkeiten gibt es, die Buchstaben des Ausgangs-
    bruchs so zu ersetzen, dass der Bruch den Wert 2 hat?

(Lösung Abschn. 17.14)

2.15 Ziffernsummen von 2 016

Die Zahl 2 016 hat folgende Eigenschaft: Bildet man alle Summen von jeweils zwei ihrer Ziffern, also $0 + 1, 0 + 2, 1 + 2, 0 + 6, 1 + 6, 2 + 6$, so erhält man die Zahlen 1, 2, 3, 6, 7 und 8.

a) Finde alle vierstelligen Zahlen außer 2 016 mit dieser Eigenschaft.
b) Kannst du auch eine 25-stellige Zahl mit dieser Eigenschaft angeben?

(Lösung Abschn. 17.15)

2.16 Jubelzahlen

Zum 25. Jubiläum der FüMO untersucht Zacharias Zahlenkenner die sogenann-
ten Jubelzahlen. Das sind Zahlen, deren Ziffernfolgen ausschließlich aus Aneinan-
derreihungen des Ziffernpaars 25 bestehen. Die kleinste Jubelzahl ist 25, danach
kommt 2 525, dann 252 525 usw.

a) Bestimme die Primfaktorzerlegungen der ersten drei Jubelzahlen.
b) *Zeige*: In der Primfaktorzerlegung einer Jubelzahl tritt der Faktor 5 genau zwei-
    mal auf.
c) Prüfe, welche einstelligen Zahlen außer 5 noch Teiler der Jubelzahl aus 2 016
    Ziffern sind.

(Lösung Abschn. 17.16)

2.17 Abstandshalter

Die Zahlen 1, 1, 2, 2, 3, 3, 4, 4, 5, 5, 6, 6, 7, 7 sind so in die gegebenen 14 Felder einzutragen, dass sich zwischen jedem Paar gleicher Zahlen so viele Felder befinden,
wie es ihr Ziffernwert angibt.
Beispiel: Zwischen zwei Vierern befinden sich vier Felder.
Drei dieser Zahlen sind bereits, wie in Abb. 2.2 zu sehen, eingetragen.

a) Warum kann im zweiten Feld keine 1 stehen?
b) Warum kann im neunten Feld keine 1 stehen?
c) Trage die fehlenden Zahlen in die leeren der 14 Felder ein,

   (Lösung Abschn. 17.17)

			·6			2		5				

Abb. 2.2 Abstandshalter

Kapitel 3
Geschicktes Zählen

Inhaltsverzeichnis

3.1   Stellenanzeige

Anja betrachtet die zweistellige Zahl 60 und ihre Quadratzahl $60 \cdot 60 = 3\,600$.
Sie stellt fest, dass die Quadratzahl von 60 genau zwei Stellen mehr hat als die
Ausgangszahl 60.
Anja möchte nun wissen, wie viele natürliche Zahlen es gibt, deren Quadratzahlen
jeweils genau zwei Stellen mehr haben. Kannst du ihr helfen?
   (Lösung Abschn. 18.1)

3.2   Keine Ziffer zweimal

Iris denkt sich alle natürlichen Zahlen, die keine gleichen Ziffern enthalten, der
Größe nach aufgeschrieben:
$1, 2, 3, 4, 5, 6, 7, 8, 9, 10, 12, 13, 14, 15, 16, 17, 18, 19, 20, 21, 23, \ldots$

a) An welcher Stelle steht die Zahl 2 015?
b) Bestimme diejenige Zahl, die an 2 015. Stelle steht.

   (Lösung Abschn. 18.2)

© Springer-Verlag GmbH Deutschland, ein Teil von Springer Nature 2018   17
P. Jainta et al., *Mathe ist noch mehr*, https://doi.org/10.1007/978-3-662-56651-0_3

3.3   2 016 Beine

Im Land Polypedia gibt es drei Arten von Bewohnern: die Tredis mit drei, die Quadris mit vier und die Pentis mit fünf Beinen. Eine Volkszählung ergibt:

(1) Von jeder Art gibt es mindestens fünf Einwohner.
(2) Alle Einwohner von Polypedia haben zusammen genau 2 016 Beine.

a) Wie viele Bewohner kann es in Polypedia maximal geben?
b) Wie viele Bewohner hat Polypedia, wenn es gleich viele Tredis, Quadris und Pentis gibt?
c) Wie viele Tredis kann es maximal in Polypedia geben, wenn das Land 620 Bewohner hat?

(Lösung Abschn. 18.3)

3.4   Vereinigt und verschieden

Es seien $1, 6, 11, \ldots$ und $16, 23, 30, \ldots$ zwei Zahlenfolgen, bei denen die Differenz von zwei aufeinanderfolgenden Zahlen jeweils konstant ist. Die ersten 2 017 Zahlen jeder der beiden Folgen werden zu einer Zahlenmenge zusammengefasst.
Wie viele verschiedene Zahlen enthält diese Menge?
(Lösung Abschn. 18.4)

Kapitel 4
Was zum Tüfteln

Inhaltsverzeichnis

4.1 Streichhölzelei

Iris legt mit 41 Streichhölzern das folgende Zahlenbild:

$$179+118=355$$

Das Plus- und das Gleichheitszeichen legt sie aus je zwei Streichhölzern.

a) Simon darf höchstens zwei Streichhölzer umlegen, damit eine richtige Gleichung entsteht. Er findet fünf verschiedene Möglichkeiten. Du auch?
Gib sie an.

b) Julia will die Zahlenfigur mit möglichst wenigen Streichhölzern so ergänzen, dass eine richtige Gleichung entsteht. Zeige ihr, wie das geht.

Die Streichholzziffern dürfen nur die folgende Form haben:

Bei allen Aufgaben soll das Gleichheitszeichen nicht verändert werden.
(Lösung Abschn. 19.1)

4.2 Puzzelei

Anna hat ein Foto zerschnitten und dann die Teile als Puzzle wieder zusammengesetzt und nummeriert (Abb. 4.1).

Abb. 4.1 Puzzelei

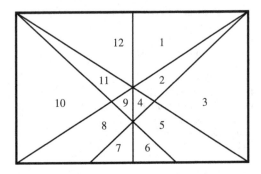

Wie viele Dreiecke kannst du im zusammengesetzten Puzzle erkennen?
Beschreibe sie durch die Angabe der Nummern der jeweils verwendeten Puzzletei-
le.
(Lösung Abschn. 19.2)

4.3 Umfüllungen

Ein Fass, ein Eimer und eine Kanne enthalten je eine unbekannte Menge Wasser.
Schüttet man ein Drittel des Fassinhalts in den Eimer, danach ein Viertel des neuen
Eimerinhalts in die Kanne und schließlich ein Zehntel des neuen Kanneninhalts in
das Fass, so befinden sich in allen Gefäßen 9 l Wasser.
Wie viel Wasser war vor den Umfüllungen jeweils in den Behältnissen?
(Lösung Abschn. 19.3)

4.4   Drei gleiche Produkte

Anja möchte in die sechs Kreise (Abb. 4.2) natürliche Zahlen so einsetzen, dass

(1) alle Zahlen verschieden sind,
(2) die Produkte der drei Zahlen, die auf einer geraden Linie liegen, jeweils den gleichen Wert haben und
(3) der Produktwert möglichst groß, aber kleiner als 100 ist.

a) Welche Zahlen kann Anja in die sechs Kreise schreiben?
b) Begründe, dass deine Lösung alle drei Bedingungen erfüllt.

Abb. 4.2 Drei gleiche
Produkte

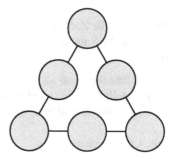

(Lösung Abschn. 19.4)

4.5   Das magische A

In die fünf Kreise (Abb. 4.3) sind natürliche Zahlen so einzusetzen, dass

(1) alle Zahlen verschieden sind und
(2) jede Summe der Zahlen, die auf einer geraden Linie liegen, den gleichen Wert S hat.

a) Bestimme jeweils eine Lösung für $S = 8$ und für $S = 2013$.
b) Begründe, dass es für $S = 7$ keine Lösung gibt.

Abb. 4.3 Magisches A

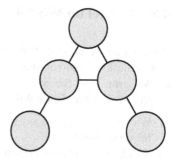

(Lösung Abschn. 19.5)

4.6 Glücksketten

Julia hat zwei Sorten von Ketten aus Glückssteinen gebastelt.
Die kürzeren Ketten enthalten vier Glückssteine, die längeren bestehen aus sieben
Steinen. Insgesamt hat sie 99 Steine verwendet.
Wie viele Ketten von jeder Art könnte sie hergestellt haben?
  (Lösung Abschn. 19.6)

4.7 Kreisverkehr

Iris möchte die Zahlen 2, 4, 6, 8, 10 und 12 so in die sechs Felder (Abb. 4.4) eintra-
gen, dass die Summe der vier Zahlen auf jedem der drei großen Kreise jeweils 28
ist.

a) Zeichne die Figur ab und gib eine mögliche Lösung an.
b) Iris stellt fest, dass es mit den Zahlen 1, 4, 6, 9, 10 und 12 keine Lösung gibt.
    Kannst du ihr erklären, warum?

Abb. 4.4 Kreisverkehr

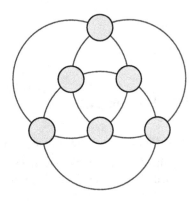

  (Lösung Abschn. 19.7)

4.8 Würfel im Würfel

Petra hat genügend viele Würfel mit den Kantenlängen 1 cm, 2 cm, 3 cm und 4 cm,
wobei die kleinsten rot, die etwas größeren gelb, die 3-cm-Würfel blau und die
großen grün sind. Sie will eine würfelförmige Box (Innenkantenlänge 5 cm) mit
möglichst wenigen dieser Würfel vollständig ausfüllen.

a) Wie viele Würfel von jeder Sorte benötigt sie, wenn sie nur gelbe und rote Wür-
    fel verwendet?
b) Welche Kombination braucht am wenigsten Würfel?

  (Lösung Abschn. 19.8)

4.9 FüMO macht Spaß

Iris hat sich das folgende Buchstabenrätsel ausgedacht:

$$\text{FÜMO} + \text{FÜMO} + \text{FÜMO} = \text{SPASS}$$

Dabei soll wie immer gelten: Jeder Buchstabe steht für eine bestimmte Ziffer, verschiedene Buchstaben stehen für verschiedene Ziffern.

a) Warum kann S nicht den Wert 3 annehmen?
b) Bestimme alle möglichen Lösungen für $S = 2$.

(Lösung Abschn. 19.9)

4.10 Zettelwirtschaft

Ali, Bea, Cleo, Dani und Emil schreiben die Zahlen von 1 bis 10 auf zehn verschiedene Zettel und werfen diese in eine Schüssel. Jedes Kind entnimmt ihr nun blind je zwei der zehn Zettel und bildet die Summe der beiden Zahlen auf den Zetteln. Ali meldet die Summe 17, Bea ruft 16, Cleo sagt 11 an, und Dani bietet 7.

a) Welche Summe meldet Emil?
b) Wer hat welche Zettel gezogen?

(Lösung Abschn. 19.10)

4.11 Dreiecksmuster

In das Dreiecksmuster (Abb. 4.5) sollen die Zahlen 4 bis 15 in die noch freien Rechtecke so eingetragen werden, dass in jedem Feld der Unterschied der beiden direkt darunterliegenden Zahlen steht.

a) *Zeige*: Die Zahlen in den grau unterlegten Feldern A und B unterscheiden sich in jedem Fall um mindestens 4.
b) Fülle das Muster vollständig aus, wenn rechts unter der 1 die Zahl 14 steht.

Abb. 4.5 Dreiecksmuster

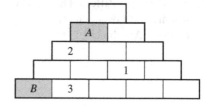

(Lösung Abschn. 19.11)

4.12   Davidsterne

Abb. 4.6 zeigt einen Davidstern. In diesen soll immer wieder ein weiterer Davidstern so eingezeichnet werden, dass die Spitzen des inneren Davidsterns mit den
Ecken des Sechsecks (hier grau) im äußeren Stern zusammenfallen.

a) Zeichne drei ineinandergeschachtelte Davidsterne.
b) Wie viele Dreiecke, die nicht von einer Linie durchkreuzt werden, entdeckst du
   in deiner Zeichnung? Finde durch Überlegen heraus, wie viele solche Dreiecke
   entstehen, wenn man 25 Davidsterne ineinanderschachtelt.
c) Wie viele Davidsterne müsste man ineinanderzeichnen, um mindestens 2 016
   solche Dreiecke zu erhalten?

Abb. 4.6 Davidstern

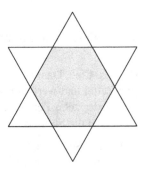

(Lösung Abschn. 19.12)

4.13   FüMO wird 25

Anja hat sich das folgende Buchstabenrätsel ausgedacht:

$$(F\ddot{U} + MO) - (WI + RD) = 25$$

$(F < M, \ddot{U} < O, W < R \quad \text{und } I < D)$
Dabei soll wie immer gelten:
Jeder Buchstabe steht für eine bestimmte Ziffer, verschiedene Buchstaben stehen
für verschiedene Ziffern. Die 2 und die 5 sind in der 25 bereits vergeben.
Bestimme alle Lösungen mit $F = 1$.
   (Lösung Abschn. 19.13)

Kapitel 5
Logisches und Spiele

Inhaltsverzeichnis

5.1   Ehrliche Ritter?

Mehrere Ritter treffen sich und speisen an einem runden Tisch. Einige davon sagen immer die Wahrheit, die anderen lügen stets. Jeder Ritter behauptet, dass sein rechter Sitznachbar lügt und auch sein linker ein Lügner ist. Ritter Alfons berichtet später, dass elf Ritter anwesend waren. Darauf entgegnet Ritter Bert: „Alfons lügt. Es waren zwölf Ritter."
Ermittle aus diesen Angaben, wie viele Ritter am Tisch saßen.
   (Lösung Abschn. 20.1)

© Springer-Verlag GmbH Deutschland, ein Teil von Springer Nature 2018
P. Jainta et al., *Mathe ist noch mehr*, https://doi.org/10.1007/978-3-662-56651-0_5

5.2   Mäusejagd

Alf, Tom, Jerry und Fopsi, gehen auf Mäusejagd.
Tom und Fopsi fangen zusammen so viele Mäuse wie Alf und Jerry zusammen.
Alf fängt mehr Mäuse als Jerry.
Alf und Fopsi fangen zusammen weniger Mäuse als Tom und Jerry zusammen.
Wie viele Mäuse fängt jede Katze, wenn Tom drei fängt?
   (Lösung Abschn. 20.2)

5.3   Frühstücksbuffet

Der neue Hotelmanager möchte die Vorlieben seiner Gäste beim Frühstücksbuffet
kennenlernen und bittet Peter, die 51 Gäste zu beobachten, die zwischen Käse, Marmelade und Wurst wählen können.
Der aufmerksame Peter berichtet:

(1) 25 Gäste essen keine Marmelade, 18 keinen Käse und 13 keine Wurst.
(2) Sechs Gäste wählen Marmelade und Wurst, aber keinen Käse.
(3) Doppelt so viele wie diejenigen, die nur Marmelade wollen, essen nur Wurst.
(4) Die Anzahl der reinen Wurstesser ist um zwei geringer als die Anzahl derjeni-
     gen, die Wurst und Käse, aber keine Marmelade auf dem Teller haben.

a) Wie viele Gäste wünschen nur Wurst zum Frühstück?
b) Wie viele wählen genau zwei Beläge?
c) Wie viele probieren von allen drei Belägen?

   (Lösung Abschn. 20.3)

5.4   Der Champion

Andi, Bernd, Chris, Dieter und Egon kämpften um den Titel des Champions,
der durch einen Fünfkampf in den Disziplinen Lauf, Hochsprung, Kugelstoßen,
Schwimmen und Radfahren ermittelt wurde. In jeder Disziplin gab es eine eindeutige Reihenfolge, wobei jeweils der beste Sportler fünf Punkte, der zweite vier
Punkte, der nächste drei Punkte, der vierte zwei Punkte und der letzte einen Punkt
erhielt.
Am Ende stellte sich heraus, dass Chris in vier Wettbewerben die gleiche Punktzahl
erreichte und Egon als bester Schwimmer im Radfahren den dritten Platz belegte.
Bei der Gesamtwertung ergab sich überraschend eine alphabetische Reihenfolge,
wobei Andi überlegen mit 24 Punkten gewann.

a) Wie viele Punkte hatte der zweitplatzierte Bernd erreicht?
b) Welche Reihenfolge ergab sich beim Schwimmen?

   (Lösung Abschn. 20.4)

5.5 Pilzsammlung

Die Kinder Anja, Bea, Caro, Daniel und Eva gehen Pilze sammeln. Nach einiger Zeit machen sie Pause und unterhalten sich über ihre Ausbeute.

Anja sagt: „Wir haben zusammen genau 100 Pilze gesammelt."
Bea sagt: „Anja hat fünf Pilze weniger als ich gesammelt."
Caro sagt: „Ich habe sechs Pilze mehr als Bea gesammelt."
Daniel sagt: „Caro hat sieben Pilze weniger als ich gesammelt."
Eva sagt: „Ich habe acht Pilze mehr als Daniel gesammelt."

Wie viele Pilze hat jeder gefunden?
   (Lösung Abschn. 20.5)

5.6 Wer vor wem?

Karl und Carola nehmen an einem Halbmarathon teil. Am Ende kommen vor Karl doppelt so viele Teilnehmer ins Ziel wie hinter Carola, und vor Carola liegen dreimal so viele Teilnehmer wie hinter Karl, der Platz 21 belegt.
Welchen Platz hat Carola belegt?
   (Lösung Abschn. 20.6)

5.7 Schachturnier

Bei einem Schachturnier haben Alois, Bea, Cora und Daniel die ersten vier Plätze belegt. Auf die Frage, welchen Platz jeder erreicht hat, geben drei Zuschauer drei verschiedene Antworten:

(1) Alois wurde Zweiter und Daniel Dritter.
(2) Alois wurde Erster und Bea Zweite.
(3) Cora wurde Zweite und Daniel Vierter.

In jeder der Antworten ist genau eine Aussage richtig und eine falsch. Wer belegte welchen Platz?
   (Lösung Abschn. 20.7)

5.8 Haufenbildung

Vor Paula liegen drei Haufen mit drei, sieben und 19 Steinen. Sie darf entweder zwei Haufen zusammenwerfen oder aus einem Haufen zwei mit gleicher Anzahl an Steinen machen.

a) Wie kann Paula 29 Haufen mit je einem Stein erzeugen?

b) Warum kann Paula nicht 105 Haufen mit je einem Stein herstellen, wenn sie am Anfang drei Haufen mit 51, 49 und fünf Steinen hat?

(Lösung Abschn. 20.8)

5.9 Hell und dunkel

Bei einem Spielautomaten sind 16 Leuchtfelder quadratisch angeordnet.
Nach Auswahl einiger Leuchtfelder werden rundenweise alle Felder nach folgender Regel beleuchtet:
Nur diejenigen Felder werden in der nächsten Runde hell ($\times$), die jetzt genau zwei oder drei beleuchtete Nachbarfelder haben. Nachbarfelder haben eine Ecke oder eine Seite gemeinsam. Ein Beispiel zeigt Abb. 5.1.

a) Spiele das Beispiel vier Runden weiter.

b) Gibt es ein Beleuchtungsmuster, aus dem eine Runde später das Startmuster des Beispiels entsteht?

c) Beginne mit einem Schachbrettmuster. Welche Felder sind nach dem 23. Beleuchtungswechsel hell?

(Lösung Abschn. 20.9)

Abb. 5.1 Startmuster →
Folgemuster

5.10 Mastermind

Beim Spiel *Mastermind* legt ein Spieler eine Ziffernfolge fest, die der andere Spieler ermitteln soll. Dieser zweite Spieler tippt dann eine Ziffernfolge, und der erste meldet, wie viele richtige Ziffern an richtiger Stelle sind (Anzahl gefüllter Kreise) und wie viele andere Ziffern richtig, aber an falscher Stelle sind (Anzahl leerer Kreise). Dann wird das Tippen und Bewerten wiederholt, bis der zweite Spieler die richtige Folge entdeckt hat. Ein Beispiel zeigt Abb. 5.2.

a) Bestimme mit Begründung die fünf richtigen Ziffern im Beispiel.

b) Wie muss die richtige Reihenfolge der Ziffern lauten?

(Lösung Abschn. 20.10)

Abb. 5.2 Mastermind

					Vermutung		Bewertung
3	4	7	0	9		●	
1	8	2	6	0		● ○ ○	
7	6	1	8	2		○ ○ ○ ○	
6	2	3	5	8		● ● ○ ○	

5.11 Wer gewinnt?

Anja hat sich ein Spiel ausgedacht. Der Spielplan besteht aus einem 4×2-Rechteck mit den zugehörigen Gitterlinien (Abb. 5.3). Anja (A) und Berta (B) färben abwechselnd jeweils ein ungefärbtes Einheitsquadrat oder ein Quadrat aus vier ungefärbten Einheitsquadraten. Wer nicht mehr färben kann, hat verloren. Anja beginnt.

a) Wer gewinnt, wenn beide optimal spielen?
b) Wer gewinnt in einem 5×2-Rechteck?

Erkläre jeweils genau, mit welcher Strategie man gewinnen kann.
    (Lösung Abschn. 20.11)

Abb. 5.3 Wer gewinnt? 4×2
Spielplan

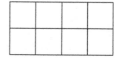

Kapitel 6
Geometrisches

Inhaltsverzeichnis

6.1 FüMO im Quadrat

Lutz zerlegt ein Quadrat der Seitenlänge 10 längs der Gitterlinien in fünf Rechtecke F, U, E, M und O so, dass gilt (Beispiel in Abb. 6.1):

(1) Die Rechtecke F, U, M und O haben mit dem Quadrat jeweils eine Ecke gemeinsam.
(2) Das Rechteck E berührt nicht den Quadratrand.

a) Lutz zeichnet eine Zerlegung, für die gilt:
   Der Flächeninhalt von U beträgt 32 und der von O beträgt 14.
   Wie groß ist in diesem Fall der Flächeninhalt von E?
b) Finde eine Zerlegung, bei der der Flächeninhalt von E und O zusammen möglichst groß ist.
   Begründe, warum dieser Flächeninhalt nicht größer sein kann.

(Lösung Abschn. 21.1)

© Springer-Verlag GmbH Deutschland, ein Teil von Springer Nature 2018
P. Jainta et al., *Mathe ist noch mehr*, https://doi.org/10.1007/978-3-662-56651-0_6

Abb. 6.1 FüMO im Quadrat

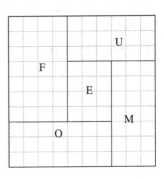

6.2   Fünf Rechtecke im Quadrat

Lutz zerlegt ein Quadrat der Seitenlänge 10 längs der Gitterlinien in fünf Rechtecke
F, U, E, M und O so, dass gilt (Beispiel in Abb. 6.2):

(1) Die Rechtecke F, U, M und O haben mit dem Quadrat jeweils eine Ecke ge-
     meinsam.
(2) Das Rechteck E berührt keine Quadratseite.

Von allen fünf Rechtecken soll U den größten Flächeninhalt und M den größten
Umfang haben. Zeichne jeweils eine Zerlegung, in der

a) U den Flächeninhalt 30 hat,
b) U einen Flächeninhalt kleiner als 30 besitzt.

Beschreibe ausführlich, wie du die beiden Zerlegungen gefunden hast.
    (Lösung Abschn. 21.2)

Abb. 6.2 Fünf Rechtecke im
Quadrat

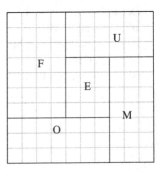

6.3 Gleichseitige Dreiecke

Abb. 6.3 enthält nur Dreiecke mit je drei gleich langen Seiten.
Dabei gilt: $|GH| = 2$ cm und $|IK| = 6$ cm.

a) Bestimme die Streckenlänge $|AL|$.
b) Wie oft passt das kleinste Dreieck in das größte Dreieck?

(Lösung Abschn. 21.3)

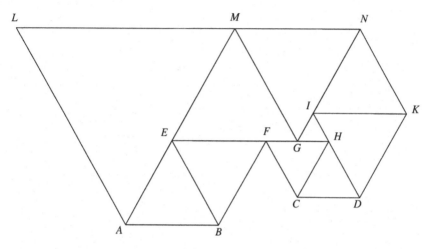

Abb. 6.3 Gleichseitige Dreiecke

Kapitel 7
Alltägliches

Inhaltsverzeichnis

7.1   Malerarbeiten

Eine Firma verspricht, zwölf Neubauten in zehn Tagen zu streichen. Dafür müssen alle neun Maler der Firma täglich genau 8 h arbeiten. Leider musste der Auftrag um ein Haus gekürzt werden, weil dieses nicht rechtzeitig fertig wurde. Auch fällt ein Maler wegen Krankheit unmittelbar vor dem vierten Tag langfristig aus. Da ein weiterer Anstreicher nach dem fünften Tag in den Urlaub fährt, arbeiten danach die restlichen Maler 9 h pro Tag.

Kann der reduzierte Auftrag rechtzeitig erfüllt werden, wenn alle Arbeiter in jeder Stunde gleich viel schaffen?

   (Lösung Abschn. 22.1)

7.2   Bootspartie

Die Klassen 5a und 5b mit 27 bzw. 29 Schülern machen eine Bootstour. An der Anlegestelle „entern" die Schüler alle vier Boote. Die Lehrer stellen fest, dass die Boote ungleichmäßig besetzt sind. Deshalb müssen sieben Kinder vom ersten Boot ins zweite und ein Kind vom zweiten ins vierte umsteigen. Vom dritten Boot gehen zwei Kinder ins erste und zwei Kinder ins vierte Boot.

Wie viele Kinder saßen ursprünglich in jedem Boot? Überprüfe dein Ergebnis.

   (Lösung Abschn. 22.2)

© Springer-Verlag GmbH Deutschland, ein Teil von Springer Nature 2018
P. Jainta et al., *Mathe ist noch mehr*, https://doi.org/10.1007/978-3-662-56651-0_7

7.3 Bowle

Vater mischt für eine Geburtstagsparty 2 l Kirschbowle mit einem Zuckergehalt von 12 %. Zum Verdünnen hat er einen Krug mit 1 l Mineralwasser bereitgestellt. Um den Zuckergehalt zu senken, gießt die Mutter heimlich 0,5 l der Bowle in den Krug mit Wasser, rührt kräftig um und schüttet dann 0,5 l dieser Mischung zurück in das Bowlegefäß.

a) Welchen Zuckergehalt hat nun die Bowle und welchen das Gemisch im Krug?
b) Ist nun mehr Wasser im Bowlegefäß als Bowle im Krug?

   (Lösung Abschn. 22.3)

7.4 Die Zeit läuft

Anna spielt Zeitmessung im Mittelalter. Nur mithilfe zweier Sanduhren, eine für 7 min und eine für 5 min, versucht sie, andere Zeiten zu messen.
Wie könnte sie durch geschicktes Umdrehen

a) 16 min und
b) 13 min

bestimmen?
Hinweis: Zu Beginn sind beide Sanduhren voll bzw. abgelaufen.
   (Lösung Abschn. 22.4)

7.5 Kalenderrechnung

Zu Beginn unserer Zeitrechnung am 1. Januar im Jahre 1 n. Chr. galt der Julianische Kalender, bei dem jedes vierte Jahr, also die Jahre 4, 8, . . ., Schaltjahre waren. Papst Gregor korrigierte den dadurch entstandenen Fehler, indem er zehn Tage strich (auf Donnerstag, 4.10.1582, folgte Freitag, 15.10.1582). Zur Vermeidung weiterer Fehler legte er fest, dass alle Jahre mit den Endziffern 00 Normaljahre sind, falls die Jahreszahl nicht durch 400 teilbar ist (2000 war Schaltjahr, 1900 nicht).

a) Wie viele Schaltjahre hat es seit Christi Geburt bis zum
    1. Februar 2017 gegeben?
b) Welches Datum hat der 600 000. Tag unserer Zeitrechnung?
c) Der 1. Februar 2017 war ein Mittwoch. Bestimme damit den Wochentag des
    1. Januar 1.

   (Lösung Abschn. 22.5)

Teil II
Aufgaben der 7. und 8. Jahrgangsstufe

Kapitel 8
Weitere Zahlenspielereien

Inhaltsverzeichnis

8.1   Zahlenwürfel

Auf jede der sechs Seitenflächen eines Würfels wird eine positive ganze Zahl geschrieben. Anschließend wird für jede der acht Ecken das Produkt aus den drei Zahlen auf den Seitenflächen berechnet, die an die jeweilige Ecke stoßen. Die Summe der Produkte ist 1 001.
Zeige: Die Summe der sechs Seitenzahlen hat immer den gleichen Wert.
Gib eine mögliche Beschriftung des Würfels an.
   (Lösung Abschn. 23.1)

8.2   Würfelrunde

Die drei Freunde Alea, Bart und Cara sitzen um einen Tisch.
Vor ihnen liegt ein handelsüblicher Würfel. Jeder der drei Freunde sieht die Augenzahl ganz oben und jeweils die Augenzahlen auf zwei weiteren benachbarten Seitenflächen. Die Summe der drei Zahlen, die Alea sehen kann, ergibt 9.
Bart erhält die Summe 14, und Cara nennt als Summe 15.
Wie viele Augen zeigt die obere Würfelseite?
   (Lösung Abschn. 23.2)

© Springer-Verlag GmbH Deutschland, ein Teil von Springer Nature 2018   39
P. Jainta et al., *Mathe ist noch mehr*, https://doi.org/10.1007/978-3-662-56651-0_8

8.3   Oktaeder

Abb. 8.1 zeigt die in die Ebene geklappten Seitenflächen eines Oktaeders. Trage die
Zahlen 1, 3, 5, 6 und 7 für A, B, C, D und E so ein, dass die Summe der Zahlen auf
den Dreiecken, die an einer Raumecke zusammentreffen, immer gleich groß ist.
  (Lösung Abschn. 23.3)

Abb. 8.1 In die Ebene geklappte Seitenflächen eines
Oktaeders

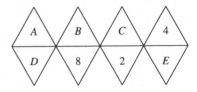

8.4   Durchschnittlich 10

An der Tafel stehen die ersten zehn Primzahlen. Viola schreibt mindestens einmal
die Zahl 4 und mindestens einmal die Zahl 9 dazu. Der Durchschnitt aller nun an
der Tafel stehenden Zahlen ist genau 10.
Wie viele Zahlen stehen jetzt mindestens an der Tafel?
  (Lösung Abschn. 23.4)

8.5   Gedankenspiel

Simon denkt sich eine vierstellige Zahl, streicht eine Ziffer und addiert diese drei-
stellige Zahl zu seiner gedachten Zahl. Als Ergebnis erhält er 2 015.
Welche Ziffer hat er gestrichen, und wie lautet seine ursprüngliche Zahl?
  (Lösung Abschn. 23.5)

Kapitel 9
Zahlentheorie

Inhaltsverzeichnis

9.1 Alles teilt

Ermittle die größte Zahl, die durch jede ihrer Ziffern teilbar ist, wobei jede Ziffer nur einmal vorkommen darf.

(Lösung Abschn. 24.1)

9.2 Eine unter zehn

a) *Zeige*: Unter zehn aufeinanderfolgenden natürlichen Zahlen gibt es mindestens eine, die zu allen anderen dieser Zahlen teilerfremd ist.
b) Bestimme zehn aufeinanderfolgende natürliche Zahlen so, dass darunter genau eine Zahl ist, die zu allen anderen teilerfremd ist.

© Springer-Verlag GmbH Deutschland, ein Teil von Springer Nature 2018
P. Jainta et al., *Mathe ist noch mehr*, https://doi.org/10.1007/978-3-662-56651-0_9

Hinweis: Zwei Zahlen heißen teilerfremd, wenn sie keinen gemeinsamen Teiler größer als 1 haben.
   (Lösung Abschn. 24.2)

9.3 Bruchsalat

Eike betrachtet alle echten positiven Brüche (darunter auch alle ungekürzten Brüche) mit einem Nenner kleiner gleich 2 013, z. B. $\frac{1}{2}, \frac{1}{3}, \frac{2}{4}, \frac{1}{10}, \frac{3}{15}$.

a) Wie viele solcher Brüche gibt es?
b) Wie groß ist ihre Summe?

   (Lösung Abschn. 24.3)

9.4 Zahlentausch

Auf einer Tafel stehen zwei beliebige dreistellige Zahlen. Susi schreibt diese Zahlen hintereinander, sodass eine sechsstellige Zahl entsteht. Diese multipliziert sie mit 7. Ihre Freundin Mona vertauscht die beiden Zahlen und schreibt sie ebenfalls hintereinander. Diese sechsstellige Zahl multipliziert sie mit 6. Erstaunt stellen beide fest, dass die Produkte gleich sind. Welche Zahlen stehen auf der Tafel?
Im Beispiel (Abb. 9.1) entstehen die sechsstelligen Zahlen 124 678 und 678 124.
   (Lösung Abschn. 24.4)

Abb. 9.1 Tafel mit Zahlen

9.5 Quadraterie

Sei m eine natürliche Zahl.
Zeige: Lässt sich die Zahl $2 \cdot m$ als Summe von zwei verschiedenen Quadratzahlen darstellen, so besitzt auch die Zahl m diese Eigenschaft.
   (Lösung Abschn. 24.5)

9.6 Zahlenhack

Eine sechsstellige Zahl $n = abcdef$ enthält jede der Ziffern $1, 2, \ldots, 6$ genau einmal und ist ein Vielfaches von 6.
Die Zahl n soll zusätzlich die folgenden Bedingungen erfüllen:

(1) Die Zahl $n_1 = abcde$ ist ein Vielfaches von 5.
(2) Die Zahl $n_2 = abcd$ ein Vielfaches von 4.
(3) Die Zahl $n_3 = abc$ ein Vielfaches von 3.
(4) Die Zahl $n_4 = ab$ ist gerade.

Ermittle alle Zahlen n, die obige Bedingungen erfüllen.
(Lösung Abschn. 24.6)

9.7 Querquadrat

Bestimme die Quersumme der Quadratzahl von $z = 10^m - 2014$ mit $m \in \mathbb{N}$, $m > 3$.
(Lösung Abschn. 24.7)

9.8 11 und 13

Wie viele Zahlen z kleiner als 2015 gibt es, die sich als Summe $z = 11m + 13n$ mit natürlichen (positiven) Zahlen m und n schreiben lassen?
(Lösung Abschn. 24.8)

9.9 Folgsame Zahlen mit Unterschied

Marco nennt eine positive ganze Zahl folgsam, wenn sie sich als Produkt zweier aufeinanderfolgender Zahlen schreiben lässt.
Beispiel: Die Zahl 20 ist folgsam, da $20 = 4 \cdot 5$.
Bestimme die größte folgsame Zahl, die man auch als Produkt zweier natürlicher Zahlen darstellen kann, die sich um 2015 unterscheiden.
(Lösung Abschn. 24.9)

9.10 ... durch 13 teilbar

Streicht man von einer natürlichen Zahl $n \geq 100$ die letzten beiden Ziffern, so erhält man die Zahl u. Die gestrichenen Ziffern bilden die Zahl v.
Beispiele: $n = 2016$: $u = 20, v = 16$; $n = 21006$: $u = 210, v = 06 = 6$.

Zeige:

a) Die Zahl n ist durch 13 teilbar, genau dann, wenn $9u + v$ durch 13 teilbar ist.
b) Genau dann, wenn n ein Vielfaches von 13 ist, ist auch $4u - v$ ein Vielfaches von 13.

(Lösung Abschn. 24.10)

9.11   Flippige Zahlen

Elias nennt eine mindestens zweistellige natürliche Zahl *flippig*, wenn sich alle benachbarten Ziffern der Zahl um genau 1 unterscheiden.
Beispiele: 12, 101 und 2 101 232.
Keine flippigen Zahlen sind z. B. 6, 25, 344 und 2 016.

a) Bestimme die kleinste und die größte flippige Zahl mit der Quersumme 25.
b) Elias möchte herausfinden, welche Zahl die kleinste flippige Zahl mit der Quersumme 2 016 ist. Kannst du ihm sagen, wie viele Stellen diese Zahl hat und wie sie aussieht?

(Lösung Abschn. 24.11)

9.12   Plus + minus + mal + durch

Paul wählt zwei positive ganze Zahlen und addiert ihre Summe, ihre Differenz, ihr Produkt und ihren Quotienten. Als Ergebnis erhält er 441.
Welche Zahlen hat er gewählt? Gibt es mehrere Möglichkeiten?
Hinweis: Es gilt die Beziehung $(a + b)^2 = a^2 + 2ab + b^2$.

(Lösung Abschn. 24.12)

9.13 n, k ... ungelöst

Über zwei positive ganze Zahlen n und k werden vier Hinweise gesammelt:

(1) Die Zahl k ist ein Teiler der Zahl $n + 1$.
(2) Die Zahl n lässt sich darstellen als $n = 2k + 5$.
(3) Die Zahl $n + k$ ist ein Vielfaches von 3.
(4) Die Zahl $n + 7k$ ist eine Primzahl.

Es stellt sich heraus, dass genau ein Hinweis falsch ist.
Ermittle alle möglichen Zahlen n und k.

(Lösung Abschn. 24.13)

9.14 Kleinste Summe von Primzahlen

Lutz bildet aus den Ziffern $1, 2, \dots, 9$ Primzahlen, wobei er jede Ziffer genau einmal verwendet. Dann addiert er diese Zahlen, z. B. $5 + 643 + 71 + 829 = 1\,548$. Für welche Auswahl solcher Primzahlen ist der Summenwert am kleinsten? Gib alle Möglichkeiten an und begründe, dass es keine weiteren gibt.
   (Lösung Abschn. 24.14)

9.15 Einer weg und doppelt dazu

Bertram baut eine Zahlenfolge. Er wählt zufällig eine natürliche Zahl als Startzahl, dann streicht er die Einerziffer und addiert zur Restzahl die doppelte Einerziffer. Falls die Zahl einstellig wird, macht er mit der doppelten Zahl weiter. Er stellt schnell fest, dass zwei aufeinanderfolgende Zahlen gleich sind und damit seine Zahlenfolge „stecken bleibt". Bei einer anderen Startzahl bemerkt er, dass dies nicht der Fall ist.
Untersuche, bei welchen Startzahlen die Folge „stecken bleibt" und was bei anderen Zahlen geschieht.
   (Lösung Abschn. 24.15)

Kapitel 10
Winkel und Seiten

Inhaltsverzeichnis

10.1 Neuneck

In einem regulären Neuneck sind alle Seiten und Innenwinkel gleich groß.
Zeige: Die Strecken $\overline{AB}$ und $\overline{BC}$ sind zusammen genauso lang wie die Strecke $\overline{PC}$ (Abb. 10.1).

(Lösung Abschn. 25.1)

Abb. 10.1 Reguläres Neuneck

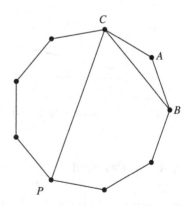

10.2   Winkelhalbierende?

Abb. 10.2 ist M der Mittelpunkt des Halbkreises über der Strecke $\overline{AB}$.

a) Berechne α.

b) Halbiert die Gerade BD den Winkel $\sphericalangle CBM$?
    Begründe, ohne zu messen!

(Lösung Abschn. 25.2)

Abb. 10.2 Figur im
Halbkreis

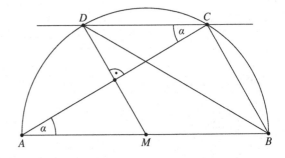

10.3   Mathe-Billard

Beim Mathe-Billard bilden zwei Banden einen Winkel von $13°$ (Abb. 10.3).
Die Kugel wird vom Punkt A aus unter dem Winkel α in Richtung der zweiten
Bande gestoßen und dort reflektiert. Nach der sechsten Bandenberührung rollt sie
auf dem gleichen Weg wieder zu A zurück.
Wie groß muss der Winkel α sein?

(Lösung Abschn. 25.3)

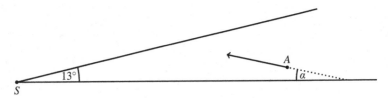

Abb. 10.3 Zwei Banden beim Mathe-Billard

10.4   Verwinkelt

Auf einem Kreis mit Mittelpunkt O liegen die vier Punkte A, B, C und D.
Dabei gilt: $|\sphericalangle BOC| = 50°$ und $\overline{CO} = \overline{CD}$ (Abb. 10.4).
Ermittle die Größe des Winkels $\sphericalangle BAD$.

(Lösung Abschn. 25.4)

Abb. 10.4 Verwinkelt

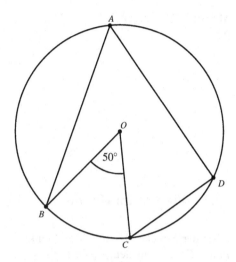

10.5   Winkel im Raster

In einem quadratischen Punktraster haben benachbarte Punkte einer Zeile bzw.
Spalte jeweils den Abstand 1 (Abb. 10.5).
Zeige: $\alpha = \beta$.
   (Lösung Abschn. 25.5)

Abb. 10.5 Winkel im Raster

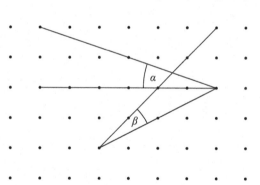

10.6   Dreieck im Achteck

In einem regelmäßigen Achteck ist, wie in Abb. 10.6 zu sehen, ein Dreieck einge-
färbt. Untersuche, ob dieses Dreieck gleichschenklig ist.
Hinweis: Ein Vieleck heißt regelmäßig, wenn alle Seiten und Innenwinkel jeweils
gleich groß sind.
   (Lösung Abschn. 25.6)

Abb. 10.6 Dreieck im Achteck

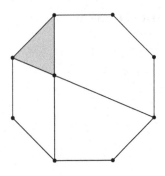

10.7   Viereck im Halbkreis

Über der Strecke $\overline{AB}$ mit Mittelpunkt M wird der Thaleskreis konstruiert. Der
Punkt C liegt auf dem Thaleskreis. Das Lot von M auf die Strecke $\overline{AC}$ schneidet den Thaleskreis im Punkt D und die Strecke $\overline{AC}$ im Punkt N.

a) *Zeige*: $|AD| = |DC|$.
b) *Zeige*: BD ist Winkelhalbierende des Winkels $\sphericalangle CBA$.
c) Wie groß sind die Winkel des Vierecks $ABCD$ in Abhängigkeit vom Winkel
    $\alpha = |\sphericalangle CBA|$?

(Lösung Abschn. 25.7)

Kapitel 11
Flächenbetrachtungen

Inhaltsverzeichnis

11.1 Schöne Rechtecke

Anna nennt ein Rechteck *schön*, wenn die Maßzahlen der Seiten natürliche Zahlen sind und die Maßzahlen von Umfang und Flächeninhalt übereinstimmen.
Bestimme alle schönen Rechtecke.

(Lösung Abschn. 26.1)

11.2 FRED, das Rechteck

Im Rechteck $FRED$ mit den Seiten $a = \overline{FR}$ und $b = \overline{FD}$ wird ein Punkt P so gewählt, dass die Flächeninhalte der Dreiecke PDF, PFR und PED sich wie $1 : 2 : 3$ verhalten (Abb. 11.1). Welchen Anteil hat das Dreieck PRE an der Rechtecksfläche?

(Lösung Abschn. 26.2)

© Springer-Verlag GmbH Deutschland, ein Teil von Springer Nature 2018
P. Jainta et al., *Mathe ist noch mehr*, https://doi.org/10.1007/978-3-662-56651-0_11

Abb. 11.1 Rechteck *FRED*

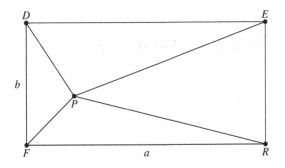

Abb. 11.1 Rechteck *FRED*

11.3   Trapezkunst

In einem achsensymmetrischen Trapez werden alle Diagonalen und Höhen eingezeichnet (Abb. 11.2).
Zeige: Die Summe der Flächeninhalte der grauen Dreiecke ist gleich dem Flächeninhalt des schwarzen Fünfecks.

(Lösung Abschn. 26.3)

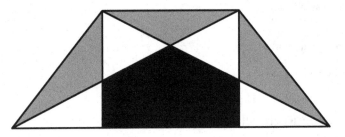

Abb. 11.2 Trapezkunst

11.4   Dreieck im Quadrat

Einem Quadrat *ABCD* ist ein gleichseitiges Dreieck mit der Spitze *C* einbeschrie-
ben. An den Ecken *B* und *D* werden Dreiecke, wie in Abb. 11.3, abgetrennt.
Zeige: Die Summe der Flächeninhalte der grauen Dreiecke ist gleich dem Flächeninhalt des gleichseitigen Dreiecks.

(Lösung Abschn. 26.4)

Abb. 11.3 Dreieck im
Quadrat

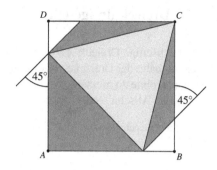

11.5   Riesensechseck

Bei einem regelmäßigen Sechseck wird der Diagonalenschnittpunkt an jeder Seite
nach außen gespiegelt. Es entsteht ein neues regelmäßiges Sechseck aus den Spie-
gelpunkten. Dieses Verfahren wird insgesamt 23-mal durchgeführt.
Wie groß ist die Maßzahl der Fläche des am Ende vorliegenden regelmäßigen
Sechsecks, wenn die Flächenmaßzahl des Ausgangssechsecks 1 beträgt? Gib das
Ergebnis als Dezimalzahl an.
   (Lösung Abschn. 26.5)

11.6   Dreieck im Sechseck

In einem Sechseck sind die gegenüberliegenden Seiten jeweils parallel und gleich
groß (Abb. 11.4).
Welchen Anteil hat die graue Dreiecksfläche an der Sechseckfläche?
   (Lösung Abschn. 26.6)

Abb. 11.4 Dreieck im
Sechseck

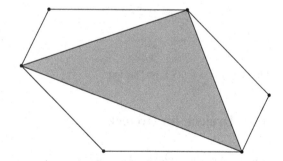

11.7   Dreieck dreigeteilt

Das gleichseitige Dreieck ABC hat den Flächeninhalt 1. Welchen Wert haben die Flächeninhalte der Dreiecke ACD und ADE (Abb. 11.5)?
Begründe, ohne zu messen!
  (Lösung Abschn. 26.7)

Abb. 11.5 Dreigeteiltes
Dreieck

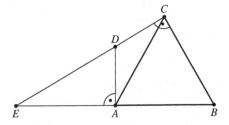

11.8   OXY im Quadrat

Wie in Abb. 11.6 angedeutet, liegen 2 015 Quadrate mit Seitenlänge 1 lückenlos nebeneinander. Der Punkt O ist der linke untere Eckpunkt des ersten Quadrats, die Punkte P und Q sind entsprechend die rechten oberen Eckpunkte des vorletzten und letzten Quadrats. Die Punkte O und Q bzw. O und P werden durch je eine Strecke verbunden. Diese schneiden die rechte Seite des ersten Quadrats in den Punkten X und Y. Welchen Flächeninhalt besitzt das Dreieck OXY?
  (Lösung Abschn. 26.8)

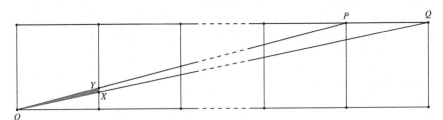

Abb. 11.6 Dreieck OXY im Quadrat

11.9   Dreieck im Dreieck

Im Inneren eines Dreiecks ABC seien die Punkte E, F und G derart gelegen, dass gilt: E ist der Mittelpunkt der Strecke $\overline{AF}$, F ist der Mittelpunkt der Strecke $\overline{BG}$, und G ist der Mittelpunkt der Strecke $\overline{CE}$ (Abb. 11.7). Welchen Anteil an der Fläche des Dreiecks ABC hat das Dreieck EFG?
  (Lösung Abschn. 26.9)

Abb. 11.7 Dreieck im
Dreieck

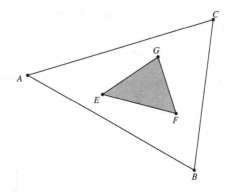

11.10 Verdeckte Notiz

Bertram hat an seiner Pinnwand einen quadratischen Notizzettel befestigt. Im Laufe
der Zeit wird er von zwei rechteckigen Blättern so überdeckt, dass sich zwei Ecken
der Rechtecke genau im Mittelpunkt des quadratischen Zettels treffen (Abb. 11.8).
Wie viel Prozent des grauen Quadrats sind noch sichtbar?
   (Lösung Abschn. 26.10)

Abb. 11.8 Verdeckte Notiz

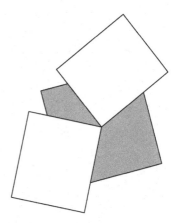

11.11 Viereck im Rechteck

In einem Rechteck wird jede Ecke mit dem Mittelpunkt einer der gegenüberliegenden Seiten so verbunden, dass im Inneren des Rechtecks ein Viereck entsteht (grau
hinterlegt; Abb. 11.9).

a) *Zeige*: Das entstandene Viereck ist ein Parallelogramm.

b) Wie viel Prozent der Rechteckfläche entfallen auf das Parallelogramm?

(Lösung Abschn. 26.11)

Abb. 11.9 Viereck im Rechteck

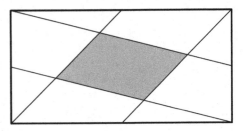

Kapitel 12
Geometrische Algebra

Inhaltsverzeichnis

12.1   Wandernde Ecke

Ein Dreieck mit den Ecken $A(0|0)$, $B(3|4)$ und $C(2|c)$, $c > 0$, hat den
Flächeninhalt 5 [cm^2]. Für welche Werte von c ist dies möglich?
(Lösung Abschn. 27.1)

12.2   Quadratschnitte

Eine quadratische Platte wird vollständig in 255 Quadrate mit Seitenlänge 1 und ein
größeres Quadrat zerschnitten. Welche Seitenlänge kann die Ausgangsplatte gehabt
haben? Gib alle Möglichkeiten an.
(Lösung Abschn. 27.2)

12.3   Quadratdifferenz

Die Flächeninhalte zweier Quadrate, deren Seitendifferenz (in Zentimeter) ganz-
zahlig ist, unterscheiden sich um 400 cm^2.
Welche ganzzahligen Werte (in Zentimeter) können die Quadratseiten besitzen?
(Lösung Abschn. 27.3)

© Springer-Verlag GmbH Deutschland, ein Teil von Springer Nature 2018
P. Jainta et al., *Mathe ist noch mehr*, https://doi.org/10.1007/978-3-662-56651-0_12

12.4   Riesenweg

In einem Koordinatensystem werden die Winkelhalbierenden der vier Quadranten gezeichnet. Zusammen mit den Koordinatenachsen erhält man so acht Strahlen s_1 bis s_8. Ausgehend vom Punkt $P_0(1;0)$ auf der x-Achse bewegt man sich, wie in Abb. 12.1 angegeben, bis man in P_8 auf der x-Achse ankommt.

a) Dieser Weg umschließt mit der positiven x-Achse eine Fläche.
    Wie groß ist sie?
b) In welchem Punkt endet der Weg nach 25 vollständigen Umläufen?
c) Wie groß ist die Fläche, die nach 25 vollständigen Umläufen von diesen und der positiven x-Achse umschlossen wird?

(Lösung Abschn. 27.4)

Abb. 12.1 Riesenweg

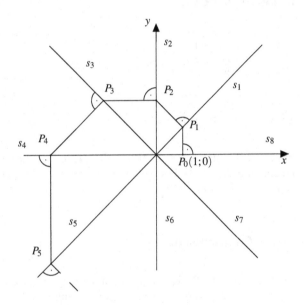

Kapitel 13
Besondere Zahlen

Inhaltsverzeichnis

13.1   2 013 teilt... 2 012

Welche ist die kleinste auf 2 012 endende und durch 2 013 teilbare natürliche Zahl?
(Lösung Abschn. 28.1)

13.2   Kaputter Tacho

Tom fährt viel mit seinem Fahrrad, das einen Kilometerzähler besitzt. Allerdings ist dieser nicht ganz in Ordnung.

Er hat die folgende Eigenart: Auf jeder der sechs Positionen springt der Zähler nach der Ziffer 4 sofort zur Ziffer 6, überspringt also die Anzeige 5. Zum Beispiel wechselt die Anzeige von 000 049 auf 000 060, wenn Tom genau 1 km zurückgelegt hat. Nun zeigt der Kilometerzähler 002 787.

Wie viele Kilometer ist Tom bis jetzt gefahren, wenn der Zählerstand mit 000 000 begonnen hat?

(Lösung Abschn. 28.2)

© Springer-Verlag GmbH Deutschland, ein Teil von Springer Nature 2018
P. Jainta et al., *Mathe ist noch mehr*, https://doi.org/10.1007/978-3-662-56651-0_13

13.3   2 015 verprimelt

Ermittle alle Primzahlen p, q und r mit $q > r$, für die gilt: $p \cdot (q + r) = 2\,015$.
Hinweis: 1 ist keine Primzahl
   (Lösung Abschn. 28.3)

13.4   Quadratzahl XXL

Bestimme (ohne Computerprogramm) die Quersumme der kleinsten positiven ganzen Zahl, deren Quadrat auf 2 016 endet.
   (Lösung Abschn. 28.4)

13.5   2 017 als Summe

Die Zahl 2 017 soll als Summe von mindestens zwei aufeinanderfolgenden positiven ganzen Zahlen dargestellt werden.
Gib alle derartigen Zerlegungen an und begründe, dass es keine weitere gibt.
   (Lösung Abschn. 28.5)

13.6   Teilbar durch 27?

Eva hat sich eine Regel für die Teilbarkeit durch 27 überlegt. Sie behauptet, dass eine natürliche Zahl n durch 27 teilbar ist, wenn ihre Quersumme durch 27 teilbar ist.

a) Nenne drei Zahlen, für die Evas Behauptung gilt.
b) *Zeige*: Evas Behauptung ist im Allgemeinen falsch.
c) Gib eine Bedingung für die Ziffern von n an, sodass die Behauptung von Eva richtig wird, und beweise deine Aussage.

   (Lösung Abschn. 28.6)

13.7   Gespiegelte Zahlen

Kolja multipliziert eine positive fünfstellige Zahl n mit 9. Erstaunt stellt er fest, dass er als Ergebnis seiner Multiplikation die Spiegelzahl von n erhält. Wie lautet Koljas Zahl? Beschreibe genau, wie du sie gefunden hast.

Hinweis: Eine Spiegelzahl zu einer mehrstelligen natürlichen Zahl erhält man, wenn man ihre Ziffern in umgekehrter Reihenfolge aufschreibt, z. B. ist 4 321 die Spiegelzahl zu 1 234. Eine Zahl, die auf 0 endet, hat keine Spiegelzahl.

(Lösung Abschn. 28.7)

Kapitel 14
Probleme des Alltags

Inhaltsverzeichnis

14.1 Mädchenpower

Nach einem Mathetest stellt Mila fest:
„Hätten wir Mädchen jeweils drei Punkte mehr erzielt, dann wäre der Durchschnitt in der Klasse um 1,2 Punkte höher ausgefallen."
Wie viele Mädchen sind in Milas Klasse, wenn die Klasse mehr als 20 und weniger als 30 Kinder hat?
(Lösung Abschn. 29.1)

14.2 Mathetag

Die Organisatoren des Mathetages haben die bereits anwesenden FüMO-Sieger gezählt und festgestellt, dass die Zahl der Anwesenden durch 9 teilbar ist. „Käme jetzt noch der Bus mit den 19 Teilnehmern aus Weitweg, hätten wir mehr als 50, aber weniger als 80 Teilnehmer!", bemerkt Paul. Alfred antwortet: „Würden wir 17 der Anwesenden ins Mathelabor schicken, dann wären es noch mehr als 20, aber weniger als 40 Teilnehmer." Nach Ankunft des Busses aus Weitweg entscheidet Eike, nur 13 Schüler ins Mathelabor zu schicken, damit die sechs Workshops gleich groß sind.
Wie viele FüMO-Sieger sind jeweils in einem Workshop?
(Lösung Abschn. 29.2)

© Springer-Verlag GmbH Deutschland, ein Teil von Springer Nature 2018
P. Jainta et al., *Mathe ist noch mehr*, https://doi.org/10.1007/978-3-662-56651-0_14

14.3 Platz für Schafe

Bauer Bählamm besitzt ein Weideland in Dreiecksform und will es zur Haltung von
Schafen nutzen. Die Weide ist dabei in vier Pferche unterteilt (Abb. 14.1). Teil W
bietet fünf Schafen genug zum Fressen. Teil S reicht für zehn Schafe, und acht Tiere
finden genug Futter im Ostteil. Wir nehmen an, dass jedes Schaf die gleiche Menge
Gras frisst.
Wie viele Schafe kann Bauer Bählamm im Nordteil halten?

   (Lösung Abschn. 29.3)

Abb. 14.1 Dreieckiges
Weideland

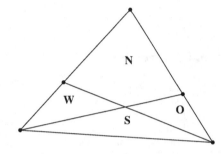

14.4 Locker vom Barhocker

Ein durstiger Mann sitzt an einer Bar. Nach 15 min hat er bereits drei Viertel seines
Bargeldes ausgegeben. Er besitzt jetzt nur noch halb so viele Euro, wie er vorher
Cent, und genauso viele Cent, wie er anfangs an Euro dabei hatte.
Wie teuer kam ihm der Barbesuch bis dahin?
Hinweis: Ursprünglich hatte der Barbesucher Centstücke im Wert von weniger als 1
Euro dabei. Der Wert der Centstücke kann sich nach einer Viertelstunde aber ohne
Weiteres über 1 Euro belaufen.

   (Lösung Abschn. 29.4)

14.5 Der gemeinsame Brunnen

In einem dreieckigen Grundstück soll ein Brunnen B gegraben werden. Dieser wird
durch gerade Wege mit den Ecken X, Y und Z verbunden. Die Flächeninhalte der
entstehenden Dreiecke sollen sich dabei wie $1 : 2 : 3$ verhalten (Abb. 14.2).
Beschreibe anhand einer Zeichnung, wie man die Lage des Brunnens findet.

   (Lösung Abschn. 29.5)

Abb. 14.2 Dreieckiges
Grundstück

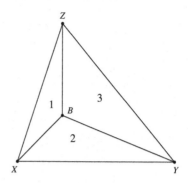

14.6   Viel Glück beim Spiel

Alfred, Bertram und Chris spielen um Geld aus ihrer Gemeinschaftskasse. Sie tragen mehrere Runden aus. In jeder Runde werden je nach Platzierung feste, positive, ganzzahlige Beträge ausgezahlt, die paarweise verschieden sind. Am Ende haben die drei Freunde 20, 10 bzw. 9 Euro gewonnen.

a) Wie viele Runden haben sie gespielt?
b) Welcher Betrag wurde in jeder Runde jeweils für die drei Plätze ausgezahlt?

   (Lösung Abschn. 29.6)

Kapitel 15
... mal was ganz anderes

Inhaltsverzeichnis

15.1 Regionalbahn

Eine Regionalbahn verbindet elf Stationen A, B, C, ..., K. Die Entfernung zwischen A und K beträgt exakt 56 km. Drei unmittelbar benachbarte Stationen sind höchstens 12 km, vier unmittelbar benachbarte Haltestellen mindestens 17 km auseinander.

Wie weit ist die Haltestelle B von der Haltestelle G entfernt?

(Lösung Abschn. 30.1)

15.2 Figuren legen

Maria hat zu Weihnachten 2 014 gleich große gleichseitige Dreiecke bekommen.

a) Könnte Maria alle Dreiecke so ohne Lücken und Überlappungen zusammenlegen, dass ein großes Dreieck entsteht?

Maria überlegt, ob sie aus allen Dreiecken ein Viereck ohne Lücken und Überlappungen legen kann.

b) Warum kann Maria kein gleichschenkliges Trapez legen?
c) Welche Parallelogramme kann sie legen?

Hinweis: $a^2 - b^2 = (a + b)(a - b)$

(Lösung Abschn. 30.2)

© Springer-Verlag GmbH Deutschland, ein Teil von Springer Nature 2018
P. Jainta et al., *Mathe ist noch mehr*, https://doi.org/10.1007/978-3-662-56651-0_15

15.3   Ein-Weg-Sterne

Ein Ein-Weg-Stern mit n Spitzen entsteht, wenn man in einem regelmäßigen n-Eck von einem beliebigen Eckpunkt aus *alle* Diagonalen gleicher Länge so aneinanderzeichnen kann, dass der Endpunkt der letzten Diagonale mit dem Startpunkt zusammenfällt.

a) Untersuche, wie viele verschiedene Ein-Weg-Sterne mit 24 Spitzen in einem 24-Eck erzeugt werden können. Dabei zählen nur solche Ein-Weg-Sterne als verschieden, bei denen sich die Winkel in den Sternenspitzen unterscheiden.

b) Beschreibe ein Verfahren, mit dem man die Anzahl der Ein-Weg-Sterne mit n Spitzen für ein beliebiges n-Eck mit $n > 6$ bestimmen kann.

(Lösung Abschn. 30.3)

15.4   FüMO ist überall

Auf wie viele verschiedene Arten kann man „FÜMO 25" lesen, wenn man von dem zentralen F über benachbarte (oben, unten, rechts oder links) Zeichen zu einer 5 wechselt (Abb. 15.1)?

(Lösung Abschn. 30.4)

Abb. 15.1 FüMO ist überall

					5					
				5	2	5				
			5	2	O	2	5			
		5	2	O	M	O	2	5		
	5	2	O	M	Ü	M	O	2	5	
5	2	O	M	Ü	F	Ü	M	O	2	5
	5	2	O	M	Ü	M	O	2	5	
		5	2	O	M	O	2	5		
			5	2	O	2	5			
				5	2	5				
					5					

15.5 Fußballturnier

An einem Fußballturnier nehmen sechs Mannschaften teil. Es spielt „Jeder gegen jeden", und zwar genau einmal. Der Sieger bekommt jeweils drei Punkte, der Verlierer keinen. Bei einem Unentschieden erhalten beide Teams je einen Punkt.

Können die Teams am Ende Punktestände haben, die sechs aufeinanderfolgende Zahlen sind?

(Lösung Abschn. 30.5)

Teil III
Lösungen

Kapitel 16
Zahlenquadrate und Verwandte

Inhaltsverzeichnis

16.1   L-1.1 Gerechte Teilung (52111)

a) Es gibt die in Abb. 16.1 gezeigten sechs Zerlegungen.

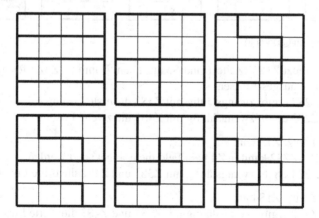

Abb. 16.1 Gerechte Teilung a)

b) Es gibt die in Abb. 16.2 gezeigten sieben Zerlegungen.

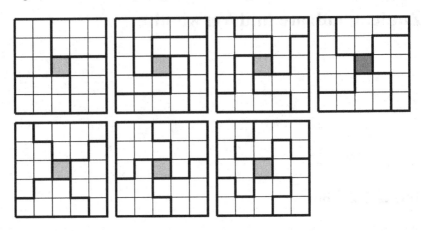

Abb. 16.2 Gerechte Teilung b)

16.2   L-1.2 Vier im Quadrat (52121)

a) Iris findet die in Abb. 16.3 dargestellten Lösungen.

Abb. 16.3 Vier im Quadrat a)

b) 1. Man kreuzt Z1S1 (Zeile 1 und Spalte 1) an. Damit ist Z3Z4 festgelegt, und Z2S4 ist ausgeschlossen.

   1.1 Z2S2 ergibt zwangsläufig mit Z4S3 die erste Lösung.

   1.2 Z2S3 ergibt zwangsläufig mit Z4S2 die zweite Lösung.

  2. Man kreuzt Z1S3 an.

   2.1 Bei Z2S2 kann in Z4 kein Feld mehr angekreuzt werden.

   2.2 Z2S4 ergibt zwangsläufig mit Z3S1 und Z4S2 die dritte Lösung.

  3. Man kreuzt Z1S4 an.

   3.1 Z2S2 ergibt zwangsläufig mit Z3S1 und Z4S3 die vierte Lösung.

   3.2 Z2S3 ergibt zwangsläufig mit Z3S1 und Z4S2 die fünfte Lösung.

16.3 L-1.3 5 aus 25 (62213)

Wir betrachten Abb. 16.4.

a) In der ersten Zeile gibt es fünf Möglichkeiten, eine Zahl auszuwählen. Zu jeder dieser Möglichkeiten gibt es in der zweiten Zeile noch vier, in der dritten Zeile drei Möglichkeiten, in der vierten Zeile zwei Möglichkeiten und in der letzen Zeile noch eine Möglichkeit.

Also gibt es insgesamt $5 \cdot 4 \cdot 3 \cdot 2 \cdot 1 = 120$ Möglichkeiten.

b) Addiert man die Zahlen der Diagonale von links oben nach rechts unten, erhält man $1 + 7 + 13 + 19 + 25 = 65$.

Diese Summe erhält man für jede erlaubte Auswahl.

Begründung: Die Zahlen der zweiten Zeile sind jeweils um 5, die der dritten Zeile jeweils um 10, die der vierten Zeile jeweils um 15 und die der fünften Zeile jeweils um 20 größer als die Zahlen der ersten Zeile. Da jede Spalte bei der Auswahl vorkommt, erhält man stets die Summe $1 + 2 + 3 + 4 + 5 + 5 + 10 + 15 + 20 = 65$.

Abb. 16.4 5 aus 25

1	2	3	4	5
6	7	8	9	10
11	12	13	14	15
16	17	18	19	20
21	22	23	24	25

16.4 L-1.4 Mindestens 2 Unterschied (52312)

a) Angenommen, in Zeile 5 und Spalte 3 steht eine 4. Dann müsste zwischen der 1 und der 4 eine der Zahlen 2, 3 oder 5 stehen, was nicht erlaubt ist, da sich diese um mindestens 2 von der 1 (also 3, 4, 5) bzw. 4 (also 2, 1) unterscheiden muss.

b) Angenommen, in Zeile 5 und Spalte 4 steht eine 1. Wegen a) muss in Zeile 5 zwischen der 2 und der 1 eine 5 und in Spalte 3 zwischen der 1 und der 5 eine 3 stehen. Dann ist aber in Zeile 4 links und rechts von der 3 jeweils nur die 5 möglich. Siehe den oberen Teil von Abb. 16.5.

c) Siehe den unteren Teil von Abb. 16.5.

Abb. 16.5 Mindestens 2
Unterschied

		1		
	5	3	5	
	2	5	1	

zu b)

1	4	2	5	3
3	1	4	2	5
5	3	1	4	2
2	5	3	1	4
4	2	5	3	1

zu c)

16.5 L-1.5 Das magische H (52321)

a) Anja findet eine Lösung mit $S = 11$ und den Zahlen 1, 2, 3, 4, 5, 7 (Abb. 16.6).
   Da die Summe S der linken drei Felder ebenso groß ist wie die Summe S der
   rechten drei Felder, muss die Summe aller sechs Zahlen gerade sein. Wegen
   $1 + 2 + 3 + 4 + 5 + 6 = 21$ ist diese Zahlenverteilung nicht möglich.
   Also ist S minimal.
b) Eine mögliche Lösung mit $S = 2\,020$ und den Zahlen $1, 2, 3, 5, 2\,014$ und $2\,015$
   ist in Abb. 16.6 angegeben.
   Wegen $1 + 2 + 3 + 4 + 2\,014 + 2\,015 = 4\,039$ ist ein kleineres S nicht möglich.
   Begründung wie in a).

Abb. 16.6 Magisches H

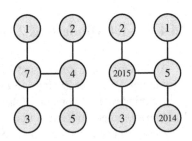

16.6 L-1.6 Das magische T (52411)

a) Siehe Abb. 16.7.
b) Abb. 16.8 zeigt fünf Lösungen mit den Anfangszahlen 1, 2, 4, 5 und 6.
c) Für sechs Zahlen mit einer Anfangszahl, die größer als 6 ist, gibt es keine Lösung mehr. Ist die Anfangszahl 7, so ist die Summe u der drei unteren Felder

mindestens $7 + 8 + 9 = 24$. Da die Summe $x + y$ so groß sein muss wie u, also 24, können zwei der Zahlen 10, 11 und 12 diese Bedingung nicht mehr erfüllen. Ist die Anfangszahl noch größer, wächst u jeweils um 3, während $x + y$ um höchstens 2 zunehmen kann (Abb. 16.9).

Abb. 16.7   Magisches T a)

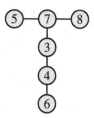

Abb. 16.8   Magisches T b)

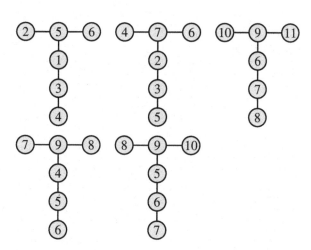

Abb. 16.9   Magisches T c)

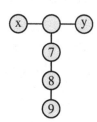

16.7   L-1.7 Knödelei (52521)

a) Siehe Abb. 16.10.

b) Als kleinste Summe S erhält man 24.

Man setzt zunächst vier Knödel in die vier Ecken des 3×3-Quadrats, da sie nur jeweils 1 zur Summe S beitragen. Die nächsten acht Knödel werden auf die restlichen Plätze auf dem Rand des Quadrats verteilt, da diese jeweils 2 zur Summe S beitragen (zwei Kästchen grenzen aneinander). Den restlichen Knödel setzt man auf einen Punkt im Inneren des Quadrats, der zu vier Kästchen gehört (also zusätzlich 4). Man erhält $S = 4 \cdot 1 + 8 \cdot 2 + 1 \cdot 4 = 24$.

Abb. 16.10 Knödelei

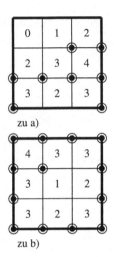

Kapitel 17
Zahlenspielereien

Inhaltsverzeichnis

17.1   L-2.1 Dreisame Zahlen (52113)

a) Mia schreibt die ersten dreisamen Zahlen der Größe nach auf:
3, 30, 33, 300, 303, 330, 333, 3 000, 3 003, 3 030, 3 033, 3 300, 3 303, 3 330 und
3 333. Damit schreibt sie also genau 15 Zahlen auf.

b) Die erste zehnstellige dreisame Zahl ist 3 000 000 000. Jede der neun Stellen
nach der 3 kann mit der Ziffer 0 oder der Ziffer 3 besetzt werden. Deshalb gibt
es $2 \cdot 2 \cdot 2 \cdot 2 \cdot 2 \cdot 2 \cdot 2 \cdot 2 \cdot 2 = 2^9 = 512$ zehnstellige dreisame Zahlen.

c) 1. Fall: Die Zahl endet auf 3. Da eine Quadratzahl nur auf 1, 4, 5, 6 und 9 enden
kann, kann eine solche Zahl keine Quadratzahl sein.
2. Fall: Die Zahl endet auf 0, also ist sie durch 10 teilbar. Damit sie eine Quadratzahl ist, muss sie durch 100 teilbar sein. Sie müsste auf eine gerade Anzahl von

Nullen enden. Lässt man die Endnullen weg, müsste wieder eine Quadratzahl entstehen. Da sie aber auf 3 endet, kann sie keine Quadratzahl sein.

Damit ist gezeigt, dass eine dreisame Zahl keine Quadratzahl sein kann.

17.2   L-2.2 Zebra-Zahlen (62113)

a) Für dreistellige Zebra-Zahlen gilt: Für die Hunderter- und die Einerstelle gibt es neun (keine 0), für die Zehnerstelle ebenfalls neun Möglichkeiten (gleiche Ziffern nicht erlaubt, aber mit 0). Damit gibt es $9 \cdot 9 = 81$ dreistellige Zebra-Zahlen.

Da eine Zebra-Zahl durch ihre ersten beiden Ziffern festgelegt ist, gibt es bei jeder Erhöhung der Stellenzahl 81 neue Zebra-Zahlen.

Wegen $2012 = 24 \cdot 81 + 68$ ist die gesuchte Zahl die 68. Zahl bei der 24. Stellen-erweiterung; sie hat also $3 + 24 = 27$ Stellen. Da es jeweils neun Möglichkeiten für die erste und die zweite Ziffer gibt, unterteilen wir 68 in Neunergruppen: $68 = 7 \cdot 9 + 5$, d. h., 68 befindet sich als fünfte Zahl in der achten Gruppe. Da in der achten Gruppe alle Zahlen mit 8 beginnen, fängt unsere Zahl mit 8 an. Bei der zweiten Stelle startet die Zählung bei 0, weshalb die fünfte Zahl eine 4 an der zweiten Stelle hat.

Die 2012. Zebra-Zahl lautet damit $8\,484\ldots848$ mit 27 Stellen.

b) Nach a) gibt es für jede Stellenzahl ≥ 3 jeweils 81 Möglichkeiten. Bis zur größten 2011stelligen Zahl $9\,898\ldots9$ gibt es genau $2\,009 \cdot 81 = 162\,729$ Zebra-Zahlen. Die Zahl $4\,141\ldots41$ mit 2012 Stellen ist dann die $3 \cdot 9 + 2 = 29$. Zahl mit dieser Stellenzahl.

Die Zahl $4\,141\ldots41$ mit 2012 Stellen hat daher den 162\,758. Platz in dieser Reihenfolge.

17.3   L-2.3 Seltsamer Summenvergleich (62122)

Die erste Summe enthält die 100 Summanden $1, 4, 9, \ldots, 9\,801 = 99^2$ und $10\,000 = 100^2$ sowie das $\square$.

Die zweite Summe kann man wie folgt schreiben:

$S = 16 + 1 + 25 + 1 + 36 + 1 + 49 + 1 + \ldots + 10\,000 + 1 + 10\,201 + 1 - 14$,

wobei $16 = 4^2, \ldots, 10\,000 = 100^2$ und $10\,201 = 101^2$ ist.

In dieser Summe kommt also $(101 - 3)$-mal, d. h. 98-mal die 1 als Summand vor. Ergänzt man 1, 4 und 9 und subtrahiert dafür am Ende 14, erhält man

$$S = 1 + 4 + 9 + 16 + 1 + 25 + 1 + 36 + 1 + 49 + 1 + \ldots +$$
$$+ 10\,000 + 1 + 10\,201 + 1 - 14$$
$$= 1 + 4 + 9 + 16 + 25 + 36 + 49 + \ldots + 10\,000 + 10\,201 - 14 + 98.$$

Vergleicht man S mit der ersten Summe
$1 + 4 + 9 + 16 + 25 + 36 + 49 + \ldots + 10\,000 + \square$, so ergibt sich:
$\square = 10\,201 - 14 + 98 = 10\,285$.

17.4   L-2.4 Zebra-Zahlen mit der Quersumme 14 (52212)

a) Man untersucht zunächst dreistellige Zebra-Zahlen.
    Da 14 gerade ist, kann eine 1 am Ende, also auch am Anfang, nicht vorkommen.
    Prüft man 212, 232, 242 und 252 auf Teilbarkeit durch 7, so erhält man als
    kleinste Zahl $252 = 14 \cdot 18$.

b) Es gibt 19 Zebra-Zahlen mit der Quersumme 14:
    383, 464, 545, 626, 707, 1 616, 2 525, 3 434, 4 343, 5 252, 6 161, 7 070,
    24 242, 41 414, 212 121 212, 2 020 202 020 202, 20 202 020 202 020,
    101 010 101 010 101 010 101 010 101 und
    1 010 101 010 101 010 101 010 101 010

17.5   L-2.5 Würfelstange (62211)

Jeder Würfel bringt $2 \cdot 7 = 14$ Augen auf den vier langen Seiten der Würfelstange.
Da aneinanderstoßende Würfelflächen gleiche Augenzahlen haben, erhält man an
den beiden Stirnflächen bei gerader Anzahl von Würfeln jeweils die gleiche Au-
genzahl, bei ungerader Anzahl ergeben die Augenzahlen dieser beiden Randflächen
zusammen 7.
Wegen $222 = 210 + 12 = 15 \cdot 14 + 12$ beträgt die Anzahl der Würfel höchstens 15.
(Jeder weitere Würfel würde die Gesamtaugenzahl auf den Seiten um 14 erhöhen!)
Bei der ungeraden Anzahl 15 wäre nach den Vorüberlegungen nur die Summe $15 \cdot 14 + 7 = 217$ möglich. Bei 14 Würfeln müsste wegen $222 = 14 \cdot 14 + 26$ an den
Randflächen jeweils die Augenzahl 13 sein. Da bei noch kleinerer Würfelanzahl
Entsprechendes gilt, kann die Augensumme 222 nicht erreicht werden.

17.6   L-2.6 Addieren und Dividieren (52222)

a) Anja würde folgendermaßen weiterrechnen:
    $30 + 5 = 35,\ 35 : 5 = 7,\ 35 + 7 = 42,\ 42 : 7 = 6,\ 42 + 6 = 48,$
    $48 : 6 = 8,\ 48 + 8 = 56,\ 56 : 8 = 7,\ 56 + 7 = 63,\ 63 : 7 = 9$
    Die Reihe würde also mit 35, 7, 42, 6, 48, 8, 56, 7, 63 und 9 fortgesetzt.
b) An der Zahlenfolge
    12, **3**, 15, 5, 20, **4**, 24, 6, 30, **5**, 35, 7, 42, **6**, 48, 8, 56, **7**, 63, 9, …
    erkennt man:

(1) Die zweite Zahl ist 3, die sechste Zahl ist 4, die zehnte Zahl ist 5, jede
    weitere vierte Zahl erhöht sich um 1. Geht man von der zweiten Zahl 3
    2012 Zahlen weiter, also zur 2014. Zahl, so erhöht sich die Ausgangszahl
    3 um 2012 : 4 = 503. Die 2014. Zahl lautet also 506.

(2) Die vierte Zahl ist 5, die achte Zahl ist 6; auch hier erhöht sich jede weitere
    vierte Zahl um 1. Geht man von der vierten Zahl 5 2008 Zahlen weiter, also
    zur 2012. Zahl, so erhöht sich die Ausgangszahl 5 um 2008 : 4 = 502.
    Damit lautet die 2012. Zahl 507.
    Die dritte Zahl ist das Produkt aus vorhergehender und nachfolgender Zahl.
    Dies gilt auch für die 5., 7., 9., ..., 2013. Zahl.
    Also ist die 2013. Zahl $507 \cdot 506 = 256\,542$.

17.7   L-2.7 Verwischte Ziffern (62221)

a) Die Zehnerziffer des ersten Faktors muss 1 sein, da sonst das Ergebnis mindestens $20 \cdot 90 = 1\,800$, also vierstellig, ist. Wegen $12 \cdot 90 = 1\,080$ kann aus
   demselben Grund die Einerziffer höchstens 1 sein, der erste Faktor muss also
   10 oder 11 lauten. Mit 10 kann der zweite Faktor 90, 91, ..., 99 lauten; das Ergebnis hat hier jeweils die Endziffer 0. Bei 11 darf der zweite Faktor nur 90
   sein, da $11 \cdot 91 = 1\,001$ größer als 1 000 ist. Auch hier steht die 0 am Ende des
   Ergebnisses. Da alle Einsetzungen ein Ergebnis mit Endziffer 0 erzeugen, kann
   hier *keine* 6 stehen.

b) Auch hier kann die Zehnerziffer des ersten Faktors nur eine 1 sein. Mit dem
   ersten Faktor 10 oder 11 dürfen als zweiten Faktor alle zehn Zahlen von 80 bis
   89 eingesetzt werden. Bei 12 können wegen $12 \cdot 84 = 1\,008$ nur noch vier zweite
   Faktoren 80, 81, 82 oder 83 eingesetzt werden.
   Es gibt also insgesamt 24 verschiedene korrekte Rechnungen.

17.8   L-2.8 Schlangenmuster (52322)

a) Wir betrachten zunächst nur bestimmte Zahlen von Zeile 1 im Abstand 14 : 1,
   15, 29, 43, ...
   Diese Zahlen befinden sich in Spalte 1, 9, 17, 25, ... (Abstand 8).
   Wegen $2017 = 1 + 144 \cdot 14$ befindet sich die Zahl 2017 in Zeile 1 und in der
   Spalte mit der Nummer $1 + 144 \cdot 8 = 1\,153$. Da 2015 zwei Zahlen vor 2017
   liegt, befindet sich 2015 auch in Zeile 1, aber in Spalte 1 151.

b) Wir betrachten wieder nur die Zahlen der Zeile 1 im Abstand 14 : 1, 15, 29, 43,
   ...
   Diese Zahlen befinden sich in Spalte 1, 9, 17, 25, ... (Abstand 8).

Wegen $2017 = 1 + 252 \cdot 8$ befindet sich in Zeile 1 und in der Spalte 2017 die Zahl $1 + 252 \cdot 14 = 3529$, also in Zeile 1 und in der Spalte 2015 die Zahl 3 527. Für die Summe S aller Zahlen der Spalte 1 bis 2015 erhalten wir deshalb:
$S = 1 + 2 + 3 + \ldots + 3527 + (4 \cdot 2015 - 3527) \cdot 1 = 3527 \cdot 3528/2 + (8060 - 3527) = 6221628 + 4533 = 6226161$

17.9   L-2.9 Coole Zahlen (52323)

Wir untersuchen zunächst, welche Ziffern (außer 1) nebeneinanderstehen können:
24, 26, 28, 36, 39, 42, 48, 62, 63, 82, 84 und 93.
Die 1 kann neben jeder anderen Ziffer stehen.

a) Die größte coole Zahl ist die achtstellige Zahl 93 628 417.
Begründung:
Um die größte coole Zahl zu finden, beginnen wir mit 93. Mit der 3 geht nur noch 36, mit 6 nur 62, mit 2 nur 24 oder 28 (> 24), mit 8 nur noch 84, mit 4 nur noch die 41, mit 1 nur 15 oder 17 (> 15). Wir erhalten die Zahl 93 628 417. Eine neunstellige Zahl kommt nicht in Betracht, da sie 5 und 7 enthält und nur die 1 eine Nachbarziffer von beiden ist und deshalb mit 5 und 7 nur 517 möglich wäre.

b) Die kleinste achtstellige coole Zahl ist 48 263 915.
Begründung:
Die 1 ist am Anfang nicht möglich, da sonst 5 und 7 nicht verwendet werden können (die Zahl wäre nicht achtstellig). Wir müssen also mit 51 ($5 < 7$) beginnen oder mit 15 ($5 < 7$) aufhören. In letzterem Fall können sich nur die Ziffernfolgen 639, oder 248 vor 15 befinden. Wählen wir 639 erhalten wir die Zahl 482 639, im anderen Fall die Zahl 93 624 815. Da $4 < 5$, ist auch jede Zahl, die mit 51 beginnt, größer als 482 639.

17.10   L-2.10 Dreizimalzahlen (62322)

a)

$$(0,1212)_3 = 1 \cdot \frac{1}{3} + 2 \cdot \frac{1}{9} + 1 \cdot \frac{1}{27} + 2 \cdot \frac{1}{81} = \frac{27}{81} + \frac{18}{81} + \frac{3}{81} + \frac{2}{81}$$
$$= \frac{50}{81}$$

b)

$$\frac{116}{162} = \frac{58}{81} = \frac{2 \cdot 27 + 3 + 1}{81} = 2 \cdot \frac{27}{81} + \frac{3}{81} + \frac{1}{81}$$
$$= 2 \cdot \frac{1}{3} + 0 \cdot \frac{1}{9} + 1 \cdot \frac{1}{27} + 1 \cdot \frac{1}{81} = (0,2011)_3$$

c) Die Zahl 1. Dies ergibt sich, indem man die Summe S berechnet:

$$S = \frac{2}{3} + \frac{2}{9} + \frac{2}{27} + \frac{2}{81} + \frac{2}{243} + \cdots$$

$$S = \frac{162}{243} + \frac{54}{243} + \frac{18}{243} + \frac{6}{243} + \frac{2}{243} + \cdots$$

$$S = \frac{242}{243} + \frac{2}{729} + \frac{2}{2\,187} + \cdots$$

$$S = \frac{2\,178}{2\,187} + \frac{6}{2\,187} + \frac{2}{2\,187} + \cdots$$

$$S = \frac{2\,186}{2\,187} + \cdots$$

$$S \approx 1$$

17.11   L-2.11 Ähnliche Zahlen (52413)

a) Zu 2 015 sind ähnlich: 1 025, 1 052, 1 205, 1 250, 1 502, 1 520, (2 015), 2 051, 2 105, 2 150, 2 501,
2 510, 5 012, 5 021, 5 102, 5 120, 5 201 und 5 210, also 17 Zahlen.

b) Zu den folgenden vierstelligen Zahlen gibt es keine weiteren ähnlichen Zahlen:
1 000, 2 000, …, 9 000 und 1 111, 2 222, …, 9 999, also 18 Zahlen.

c) Zu 343 sind nur 433 und 334 ähnlich.
Da die 0 am Anfang nicht vorkommen darf, spielt sie eine Sonderrolle.
Stehen X, Y und Z für verschiedene Ziffern, die nicht 0 sind, kann man die dreistelligen Zahlen in folgende Typen einteilen:

(1) $X00$ (Anzahl 1, z. B. 100),
(2) $XX0$ (Anzahl 2, z. B. 110, 101),
(3) $XY0$ (Anzahl 4, z. B. 120, 102, 210, 210),
(4) XXX (Anzahl 1, z. B. 111),
(5) XXY (Anzahl 3, z. B. 112, 121, 211),
(6) XYZ (Anzahl 6, z. B. 123, 132, 213, 231, 312, 321).

Also haben nur alle Zahlen vom Typ XXY die gesuchte Eigenschaft.
Hierfür gibt es $9 \cdot 8 = 72$ Möglichkeiten und zu jeder Möglichkeit gibt es jeweils drei Zahlen; also gibt es $72 \cdot 3 = 216$ Zahlen, die zu genau zwei anderen ähnlich sind, also neben 343 noch 215 solche Zahlen.

17.12   L-2.12 Kleines Einmaleins (62413)

(1) Da die Ziffer 0 nicht auftritt, braucht kein Produkt mit dem Faktor 10 betrachtet zu werden.

(2) Es gibt kein Ergebnis mit 9 als erster Ziffer, also kann 9 nur als letzte Ziffer auftreten. Davor muss die 4 stehen ($49 = 7 \cdot 7$).
$\Rightarrow _____4\,9$

(3) Es gibt nur zwei Ergebnisse mit der Ziffer 7($27 = 9 \cdot 3$ und $72 = 9 \cdot 8$). Da 7 jeweils mit 2 kombiniert ist, darf 7 nur in einem Zweierverband auftreten. Daher kann die 7 nur vorn stehen, gefolgt von der 2.
$\Rightarrow 7\,2\,\_\,\_\,\_\,\_\,\_\,4\,9$

(4) Nach der 8 darf nur die 1 folgen ($81 = 9 \cdot 9$). Vor der 8 kann nur 1 ($18 = 9 \cdot 2$), 2 ($28 = 7 \cdot 4$) oder 4 ($48 = 8 \cdot 6$) stehen, wovon nur noch 2 möglich ist. Damit gilt: $7\,2\,8\,1\,\_\,\_\,\_\,4\,9$

(5) Da die 3 im kleinen Einmaleins weder hinter der 1 noch vor der 4 stehen kann, muss die 3 an sechster Stelle sein.
$\Rightarrow 7\,2\,8\,1\,\_\,3\,\_\,4\,9$

(6) Die fehlende 5 passt nur zwischen 3 und 4 ($35 = 7 \cdot 5$ bzw. $54 = 9 \cdot 6$), weshalb die 6 vor der 3 stehen muss ($16 = 4 \cdot 4$ und $63 = 9 \cdot 7$).
Die Lösung lautet: 728 163 549.

17.13   L-2.13 Ziffernzahlen (52422)

a) Aus 8 000 000 002 geht hervor, dass die gesuchten Zahlen acht Nullen und zwei Neuner enthalten, also 9 900 000 000, 9 090 000 000, 9 009 000 000, ..., 9 000 000 009 (neun Zahlen).

b) Zum Beispiel liefert die Zahl 1 234 567 890 eine Ziffernzahl 1 111 111 111 ohne Nullen.

c) Durch Probieren findet man, dass die Zahl 6 210 001 000 wieder 6 210 001 000 ergibt.

d) 8 100 000 001 ergibt als erste Ziffernzahl 7 200 000 010, es folgen 7 110 000 100 (2),
6 300 000 100 (3), 7 101 001 000 (4), 6 300 000 100, (5), 7 101 001 000 (6),
6 300 000 100 (7), ... Offensichtlich wiederholen sich die Zahlen 6 300 000 100 und 7 101 001 000 immer. Dabei steht 7 101 001 000 an jeder geraden Stelle, 6 300 000 100 an jeder ungeraden Stelle.
Da 2 016 gerade ist, ist 7 101 001 000 die gesuchte Zahl.

17.14   L-2.14 Kalenderbruch (62423)

a) Nach Kürzen des gemeinsamen Faktors A lautet der Bruch $\frac{F \cdot E \cdot B \cdot R \cdot U \cdot R}{M \cdot I}$.
Damit der Bruchwert groß wird, sollte der Nenner möglichst klein sein, hier also $M \cdot I = 1 \cdot 2$. Der doppelte Buchstabe R muss für die Zahl 9 stehen. F, E, B und U ersetzt man durch die größten noch nicht verwendeten Zahlen, also 8, 7, 6 und 5. Damit ergibt sich mit $\frac{F \cdot E \cdot B \cdot R \cdot U \cdot R}{M \cdot I} = \frac{8 \cdot 7 \cdot 6 \cdot 9 \cdot 5 \cdot 9}{1 \cdot 2} = \frac{136\,080}{2} = 68\,040$ der größte Wert.

b) Am kleinsten wird der Bruchwert, wenn im Zähler die kleinsten Zahlen und im Nenner die größten Zahlen verwendet werden. Hier gilt dann: $\frac{F \cdot E \cdot B \cdot R \cdot U \cdot R}{M \cdot I} = \frac{2 \cdot 3 \cdot 4 \cdot 1 \cdot 5 \cdot 1}{8 \cdot 9} = \frac{5}{3} = 1\frac{2}{3}$.

c) Man erhält den Wert 2 mit $\frac{F \cdot E \cdot B \cdot R \cdot U \cdot R}{M \cdot I} = \frac{2 \cdot 3 \cdot 4 \cdot 1 \cdot 6 \cdot 1}{8 \cdot 9} = 2$.

Im Nenner können die Zahlen 8 und 9 vertauscht werden. Hier gibt es also zwei Möglichkeiten. Das R im Zähler kann nur durch 1 ersetzt werden, und für die Buchstaben F, E, B und U gibt es nur die vier möglichen Ziffern 2, 3, 4 und 6, weshalb hier $4 \cdot 3 \cdot 2 \cdot 1 = 24$ Verteilungen der vier Ziffern auf die vier Buchstaben möglich sind. Dazu gibt es die zwei Möglichkeiten 5 und 7 für den gekürzten Faktor A.

Insgesamt gibt es also $2 \cdot 1 \cdot 24 \cdot 2 = 96$ Möglichkeiten.

17.15   L-2.15 Ziffernsummen von 2 016 (52512)

a) Da als Summe zweier Ziffern 1 auftritt, müssen die Ziffern 0 und 1 in der Zahl vorkommen. Die Summe 2 ist nur möglich mit $2 = 1 + 1$ (Fall 1) oder $2 = 0 + 2$ (Fall 2).

Fall 1: Die Zahl enthält als Ziffern 0 und zweimal die 1. Da als Summe die 3 auftritt, kann die vierte Ziffer nur eine 1, eine 2 oder eine 3 sein. Mit keiner dieser Ziffern könnte als Summe die 8 erreicht werden. Damit ist Fall 1 nicht möglich.

Fall 2: Die Zahl enthält die Ziffern 0, 1 und 2. Da als Summe 8 auftritt, kann die vierte Ziffer nur 6, 7 oder 8 sein. Wäre sie 7, müsste $2 + 7 = 9$ als Summe vorkommen. Wäre sie 8, müsste $2 + 8 = 10$ vorkommen. Also bleibt als vierte Ziffer nur die 6.

Die gesuchten Zahlen enthalten also die Ziffern 0, 1, 2 und 6.

Damit erhält man außer 2 016 die Zahlen 1 026, 1 062, 1 206, 1 260, 1 602, 1 620, 2 061, 2 106, 2 160, 2 601, 2 610, 6 012, 6 021, 6 102, 6 120, 6 201 und 6 210.

b) Da man wegen $1 + 1 = 2$ eine Zahl erhält, die bereits vorkommt, kann man beliebig viele Einser hinzufügen, also z. B. 11 ... 1 206 (22 Einsen).

17.16   L-2.16 Jubelzahlen (62512)

a) $25 = 5 \cdot 5$; $2\,525 = 5 \cdot 5 \cdot 101$; $252\,525 = 5 \cdot 5 \cdot 3 \cdot 7 \cdot 13 \cdot 37$

b) Die n-te Jubelzahl sei: $25\,252\,525 \ldots 25 = 25 + 25 \cdot 100 + 25 \cdot 10\,000 + \ldots + 25 \cdot 100 \ldots 00 = 25 \cdot (1 + 100 + 10\,000 + \ldots + 100 \ldots 00)$

In jeder Faktorisierung einer Jubelzahl taucht also der Faktor 25 auf. Damit hat jede Jubelzahl mindestens zweimal den Primfaktor 5 in ihrer Primfaktorzerlegung. Der zweite Faktor hat an der Einerstelle eine 1 stehen. Damit ist diese Zahl nicht durch 5 teilbar. Es kann also keine weitere 5 in der Zerlegung auftauchen.

c) Jede Zahl ist durch 1 teilbar. Durch 2, 4, 6 und 8 ist die Zahl wegen der Endziffer 5 nicht teilbar.

Teilt man die Jubelzahl mit 2016 Ziffern durch 25, erhält man die Zahl 10 101 ... 101. Diese Zahl hat 2015 Ziffern, 1 008-mal die Ziffer 1 und 1 007-mal die Ziffer 0. Die Quersumme dieser Zahl ist 1 008. Da die Quersumme durch 3 und 9 teilbar ist, ist auch die Jubelzahl mit 2016 Ziffern durch 3 und 9 teilbar. Da 2016 durch 6 teilbar ist, ist die Jubelzahl mit 2016 Stellen durch 252 525 teilbar und enthält so alle Teiler von 252 525, also auch die 7.

Somit sind die Zahlen 1, 3, 5, 7 und 9 alle einstelligen Teiler der Jubelzahl mit 2 016 Ziffern.

17.17 L-2.17 Abstandshalter (52522)

a) Für 2, 5 und 6 ist die Lage der zweiten 2, 5 und 6 festgelegt: Wäre eine 1 in Feld 2, müsste eine 1 in Feld 4 sein, was wegen der 5 nicht geht (Abb. 17.1).
b) Wäre eine 1 in Feld 9, dann wäre auch eine 1 in Feld 7, für die 7 blieben nur die Felder 6 und 14. Dann könnte man aber Feld 13 nicht mehr besetzen (Abb. 17.2).
c) Die endgültige Lösung ist in Abb. 17.3 zu sehen.

			5	6			2		5	2	6		

Abb. 17.1 Abstandshalter a)

			5	6	7	1	2	1	5	2	6		7

Abb. 17.2 Abstandshalter b)

1	4	1	5	6	7	4	2	3	5	2	6	3	7

Abb. 17.3 Abstandshalter c)

Kapitel 18
Geschicktes Zählen

Inhaltsverzeichnis

18.1   L-3.1 Stellenanzeige (62313)

Einstellige Zahlen haben höchstens zweistellige Quadratzahlen, weshalb hier der Unterschied der Stellen nicht 2 sein kann.

Zweistellige Zahlen haben wie $10^2 = 100$ zunächst bis $31^2 = 961$ dreistellige Quadratzahlen. Erst für $32^2 = 1\,024$ bis $99^2 = 9\,801$ sind die Quadratzahlen vierstellig und haben damit zwei Stellen mehr.

Auch $100^2 = 10\,000$ erfüllt die geforderte Bedingung. Dies gilt für die Quadrate bis $316^2 = 99\,856$, denn $317^2 = 100\,489$ hat bereits drei Stellen mehr als die Basiszahl.

Für vierstellige und noch größere Zahlen haben die zugehörigen Quadratzahlen mindestens drei Stellen mehr ($1\,000^2 = 1\,000\,000$).

Es erfüllen also genau $316 - 31 = 285$ Zahlen die Bedingung.

18.2   L-3.2 Keine Ziffer zweimal (62321)

a) Es gibt neun einstellige Zahlen und $9 \cdot 9 = 81$ zweistellige Zahlen (an erster Stelle keine 0, an zweiter Stelle nicht die erste Ziffer). Es gibt $9 \cdot 8 \cdot 7 = 504$ dreistellige Zahlen ohne 0. Es gibt $9 \cdot 1 \cdot 8 = 72$ Zahlen, die an der Zehnerstelle eine 0, und $9 \cdot 8 \cdot 1 = 72$ Zahlen, die an der Einerstelle eine 0 haben.

Von $1\,000$ bis $1\,999$ gibt es $1 \cdot 9 \cdot 8 \cdot 7 = 504$ solche Zahlen und von $2\,000$ bis $2\,015$ noch die Zahlen $2\,013$, $2\,014$ und $2\,015$. Das sind zusammen $9 + 81 + 504 + 72 + 72 + 504 + 3 = 1\,245$ Zahlen. Also steht $2\,015$ an $1\,245$. Stelle.

b) Von 2 000 bis 2 999 gibt es $1 \cdot 9 \cdot 8 \cdot 7 = 504$ Zahlen, also gibt es von 1 bis 2 999 nach a) $9 + 81 + 504 + 72 + 72 + 504 + 504 = 1\,746$ Zahlen.

Von 3 000 bis 3 499 sind es $1 \cdot 4 \cdot 8 \cdot 7 = 224$, von 3 500 bis 3 579 sind es $1 \cdot 1 \cdot 6 \cdot 7 = 42$ Zahlen. $1\,746 + 224 + 42 = 2\,012$, die nächsten drei Zahlen heißen 3 580, 3 581 und 3 582. Also heißt die 2 015. Zahl 3 582.

18.3   L-3.3 2 016 Beine (52423)

a) Damit man möglichst viele Einwohner erhält, betrachtet man möglichst viele Tredis: $2\,016 - 5 \cdot (4 + 5) = 1\,971, 1\,971 : 3 = 657$.

Dies ergibt 657 Tredis, fünf Quadris und fünf Pentis, also 667 Einwohner.

Probe: $657 \cdot 3 + 5 \cdot 4 + 5 \cdot 5 = 2\,016$.

Erhöht man die Zahl der Quadris oder Pentis, verkleinert dies die Zahl der Tredis um mehr, als man erhöht hat. Also gibt es maximal 667 Einwohner.

b) Ein Tetri, ein Quadri und ein Penti haben zusammen $3 + 4 + 5 = 12$ Beine. Wegen $2\,016 : 12 = 168$ gibt es in diesem Fall von jeder Art 168, also zusammen $168 \cdot 3 = 504$ Bewohner.

c) Da sich jeweils fünf Quadris und fünf Pentis unter den Bewohnern befinden müssen, werden $620 - 10 = 610$ Bewohner mit $2\,016 - 5 \cdot (4+5) = 1\,971$ Beinen betrachtet. Wären diese Bewohner alle Tredis, hätten diese $610 \cdot 3 = 1\,830$ Beine. Damit fehlen $1\,971 - 1\,830 = 141$ Beine. Wandelt man 70 Tredis in 70 Pentis und einen Tredi in einen Quadri um, so erhält man $610 - 71 = 539$ Tredis, $5 + 1 = 6$ Quadris und $5 + 70 = 75$ Pentis mit $539 \cdot 3 + 6 \cdot 4 + 75 \cdot 5 = 1\,617 + 24 + 375 = 2\,016$ Beinen. Wären es unter den 620 Bewohnern 540 Tredis, hätten diese nur $540 \cdot 3 + 5 \cdot 4 + 75 \cdot 5 = 1\,620 + 20 + 375 = 2\,015$ Beine.

Also kann es unter 620 Bewohnern höchstens 539 Tredis geben.

18.4   L-3.4 Vereinigt und verschieden (62523)

In der ersten Folge ist die Differenz benachbarter Zahlen 5 und in der zweiten 7.

Die kleinste Zahl, die in beiden Folgen vorkommt, ist die 16.

Da $ggt(5, 7) = 1$, haben die Zahlen, die in beiden Folgen vorkommen, die Form $16 + 35(k - 1)$ mit $k > 0 \in \mathbb{N}$.

Das 2 017. Folgeglied der ersten Folge ist $1 + 5 \cdot 2\,016 = 10\,081$.

Das 2 017. Folgeglied der zweiten Folge ist $16 + 7 \cdot 2\,016 = 14\,128$.

Also muss gelten: $16 + 35(k - 1) \leq 10\,081 \Leftrightarrow k < 289$ mit $k > 0 \in \mathbb{N}$.

Das größte k, das diese Bedingungen erfüllt, ist $k = 288$. Es kommen also 288 Zahlen in beiden Folgen vor.

Somit enthält die Vereinigungsmenge $2 \cdot 2\,017 - 288 = 3\,746$ verschiedene Zahlen.

Kapitel 19
Was zum Tüfteln

Inhaltsverzeichnis

19.1 L-4.1 Streichhölzelei (52112)

a) Die fünf Lösungen sind :

(1) Nimm ein Streichholz von der 8 und mache so daraus eine 6. Lege dieses Streichholz an die 1, um eine 7 zu bekommen.
Es gilt: $179 + 176 = 355$.

(2) Nimm ein Streichholz von der 8 und mache so daraus eine 9. Lege dieses Streichholz an die 1 , um eine 7 zu bekommen. Mache aus der 9 durch Umlegen eines Streichholzes eine 6.
Es gilt: $176 + 179 = 355$.

(3) Nimm ein Streichholz vom Pluszeichen, um ein Minuszeichen zu erhalten, und ein Streichholz von der 9, die zur 3 wird. Lege die beiden Streichhölzer an die 1 am Anfang, um eine 4 zu bekommen.
Es gilt: $473 - 118 = 355$.

© Springer-Verlag GmbH Deutschland, ein Teil von Springer Nature 2018
P. Jainta et al., *Mathe ist noch mehr*, https://doi.org/10.1007/978-3-662-56651-0_19

(4) Nimm ein Streichholz von der 8, die so zur 6 wird. Lege dieses zur ersten
5, die zur 9 wird. Bei der 3 lege ein Streichholz so um, dass eine 2 entsteht.
Es gilt: $179 + 116 = 295$.

(5) Nimm ein Streichholz von der 9, die so zur 5 wird, und lege es zur dritten
1, um eine 7 zu bekommen. Lege dann ein Streichholz bei der letzten 5 so
um, dass eine 3 entsteht.
Es gilt: $175 + 178 = 353$.

b) Damit die Addition der Einer zutrifft, muss die 9 auf 8 (ein Streichholz) und die
5 auf 6 (ein Streichholz) ergänzt werden. Wegen des Übertrags genügt es bei
den Zehnern, die 1 zur 7 (ein Streichholz) zu ergänzen.
Julia erhält dann durch Ergänzung von nur drei Streichhölzern die Gleichung
$178 + 178 = 356$.

19.2 L-4.2 Puzzelei (62111)

Die Dreiecke können aus einer, zwei oder mehreren der zwölf Teilflächen bestehen
(Tab. 19.1).
Es gibt zehn dreieckige Puzzlestücke mit den Nummern 1, 2, 3, 4, 6, 7, 9, 10, 11
und 12.
Dazu gibt es sechs Dreiecke mit zwei Puzzleteilen, nämlich (1;12), (2;3), (2;4),
(6;7), (9;11) und (10;11).
Aus drei Puzzlestücken bestehen folgende zehn Dreiecke: (1;2;4), (1;2;12), (2;4;9),
(4;5;6), (4;9;11), (5;6;7), (6;7;8), (7;8;9), (9;11;12) und (11;12;1).
Vier Teile benötigen die sechs Dreiecke (1;2;3;12), (1;10;11;12), (2;4;8;9), (3;5;6;7),
(4;5;9;11) und (6;7;8;10).
Nun gibt es noch zwei Dreiecke mit sechs Teilen, nämlich (1;2;4;9;11;12) und
(4;5;6;7;8;9) sowie zwei Dreiecke mit acht Stücken, nämlich (2;3;4;5;6;7;8;9) und
(4;5;6;7;8;9;10;11).
Insgesamt gibt es damit $10 + 6 + 10 + 6 + 2 + 2 = 36$ Dreiecke.

Tab. 19.1 Puzzelei

Anzahl k der Teilflächen	1	2	3	4	5	6	7	8	9	10	11	12
Anzahl der entsprechenden Dreiecke	10	6	10	6	–	2	–	2	–	–	–	–

19.3 L-4.3 Umfüllungen (62112)

Wir rechnen zurück: Wenn ein Zehntel des Kanneninhalts in das Fass gefüllt sind,
bleiben $\frac{9}{10}$ des Zwischenstands in der Kanne, was 9 l sind. Vor dieser letzten Um-
schüttung (also nach der zweiten Umfüllung) waren damit in der Kanne 10 l, im
Eimer 9 l und im Fass 8 l, da beim letzten Gießen 1 l ins Fass kommt. Die 9 l des

Eimers sind $\frac{3}{4}$ des Inhalts nach der ersten Umfüllung ($\frac{1}{4}$ kommt in die Kanne!). Im Eimer waren also nach der ersten Umfüllung 12 l, wovon ein Viertel, also 3 l, anschließend in die Kanne geschüttet werden. Nach dem ersten Umgießen waren im Eimer 12 l, in der Kanne 7 l und im Fass der Rest, also 8 l. Diese 8 l sind $\frac{2}{3}$ des ursprünglichen Fassinhalts. Am Anfang hatte also das Fass 12 l, die Kanne 7 l (keine Veränderung beim ersten Umfüllen!) und der Eimer 8 l Wasser.

19.4   L-4.4 Drei gleiche Produkte (52123)

a) Abb. 19.1 zeigt eine mögliche Lösung.
b) Offensichtlich sind alle sechs Zahlen verschieden.
   Für die drei Produkte gilt:
   $2 \cdot 48 \cdot 1 = 96$, $2 \cdot 16 \cdot 3 = 96$ und $3 \cdot 32 \cdot 1 = 96$.
   96 ist die größte Zahl kleiner als 100, für die eine Lösung möglich ist: 99 hat die Teiler 1, 3, 9, 11, 33 und 99. Da das Produkt jeweils 99 sein soll, muss jede einzutragende Zahl ein Teiler von 99 sein. 99 kann aber nicht eingetragen werden, da sonst 1 zweimal vorkommen würde. Für 98 mit den Teilern 1, 2, 7, 14, 49 und 98 gilt dieselbe Überlegung wie für 99. 97 ist auch nicht möglich, da mit den Teilern 1 und 97 nur zwei Zahlen zur Verfügung stehen.

Abb. 19.1 Drei gleiche
Produkte

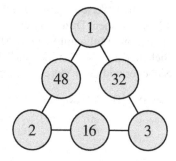

19.5   L-4.5 Das magische A (52211)

a) Für die Summen 8 und 2 013 zeigt Abb. 19.2 je eine mögliche Lösung.
b) Da fünf Felder vorgegeben sind und die Zahlen verschieden sein sollen, muss die 5 oder eine höhere Zahl darin vorkommen. Die 5 müsste also in einer der beiden Dreifelderlinien auftreten.
   Dies ist aber wegen $7 = 1 + 5 + 1$ nicht möglich.

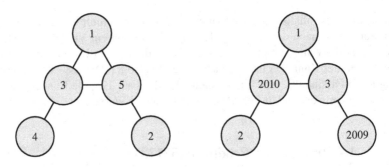

Abb. 19.2 Magisches A

19.6   L-4.6 Glücksketten (52221)

Die Anzahl der kurzen Ketten sei K, die Anzahl der langen L. Da jede kurze Kette vier Steine enthält, jede lange aber sieben, benötigt Julia insgesamt $99 = 4 \cdot K + 7 \cdot L$ Steine. Wegen $99 : 7 = 14, 1 \ldots$ kann Julia höchstens 14 lange Ketten herstellen. Daher können wir alle möglichen Werte L in $0 < L \leq 14$ durch Probieren finden. Wir können aber die Zahl der Möglichkeiten noch weiter einschränken. In der (diophantischen) Gleichung $4 \cdot K + 7 \cdot L = 99$ ist der Summand $4K$ stets gerade; daher muss L ungerade sein, damit auch die Summe ungerade wird. Dies reduziert die möglichen Werte für L. Wir müssen somit nur die Werte $L = 1, 3, 5, 7, 9, 11$ und 13 untersuchen. Dazu verwenden wir Tab. 19.2.
Also könnte Julia mit 99 Glücksteinen eine Siebener und 23 Viererketten oder fünf Siebener und 16 Viererketten oder neun Siebener und neun Viererketten oder 13 Siebener und zwei Viererketten herstellen.

Tab. 19.2 Glücksketten

Anz. L	Anz. Steine $7L$	Reststeine $99-7L$	Anz. kurzer Ketten $(99 - 7L) : 4$	Möglich?
1	7	92	23	Ja
(3)	21	78	(19,5)	Nein
5	35	64	16	Ja
(7)	49	50	(12,5)	Nein
9	63	36	9	Ja
(11)	77	22	(5,5)	Nein
13	91	8	2	Ja

19.7 L-4.7 Kreisverkehr (52223)

a) Man verteilt die Zahlen 2, 4, 6, 8, 10 und 12 so, dass in den Schnittpunkten zweier Kreise zwei Zahlen mit der Summe 14 stehen: 2 und 12, 4 und 10 und 6 und 8 (Abb. 19.3).

b) Die Zahlen 1, 4, 6, 9, 10 und 12 enthalten genau zwei ungerade Zahlen 1 und 9. Dann müssen 1 und 9 auf einem der drei Kreise, z. B. k_1, liegen:

(1) Liegen 1 und 9 auch auf k_2 (bzw. k_3), so wäre die Summe auf dem Kreis k_3 (bzw. k_2) aber $4 + 6 + 10 + 12 = 32 \neq 28$.

(2) Liegt 1 auf k_2 und 9 auf k_3, so wären die Summen auf k_1 und auf k_2 ungerade, also $\neq 28$.

Damit kann es für diese Zahlen keine Lösung geben.

Abb. 19.3 Kreisverkehr

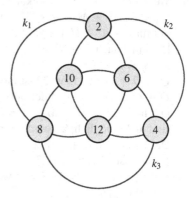

19.8 L-4.8 Würfel im Würfel (62222)

a) Jeder gelbe Würfel ersetzt acht rote, weshalb Petra möglichst viele gelbe Würfel verwenden sollte. In der Schicht der unteren 2 cm können höchstens vier gelbe Würfel verbaut werden. In der oberen 3-cm-Schicht können ebenso maximal vier gelbe Würfel eingebaut werden. Diese Anzahl von maximal acht gelben Würfeln kann auch nicht erhöht werden, wenn die genannten Schichten teilweise verschoben werden. Das Volumen der gelben Würfel beträgt maximal $8 \cdot (2\,\text{cm})^3 = 64\,\text{cm}^3$. Subtrahiert man dies vom Gesamtinhalt $(5\,\text{cm})^3 = 125\,\text{cm}^3$ der Box, so bleiben $61\,\text{cm}^3$.

Petra benötigt im Minimalfall acht gelbe und 61 rote Würfel.

b) (1) Verwendet Petra nur rote Würfel, so braucht sie 125 solcher Würfel.

(2) Ist der größte Würfel gelb, so braucht sie mindestens 69 Würfel (vgl. a).

(3) Setzt sie einen blauen Würfel in die Ecke vorn links unten, so können in dieser unteren 3-cm-Schicht noch maximal drei gelbe und in der oberen 2-cm-Schicht höchstens vier gelbe Würfel verbaut werden. Diese maximale

Anzahl der gelben Würfel ändert sich nicht, wenn gelbe Würfel halb in der unteren 3-cm- und halb in der oberen 2-cm-Schicht verbaut werden. Damit sind $1 \cdot (3\,\text{cm})^3 + 7 \cdot (2\,\text{cm})^3 = 83\,\text{cm}^3$ belegt.

Für das Restvolumen von $42\,\text{cm}^3$ muss Petra 42 rote Würfel einsetzen; sie braucht also insgesamt $1 + 7 + 42 = 50$ Würfel.

(4) Benutzt sie einen grünen Würfel mit einem Volumen von $(4\,\text{cm})^3 = 64\,\text{cm}^3$, so kann sie an den Seiten nur noch rote 1-cm-Würfel verwenden. Sie benötigt $125 - 64 = 61$ solcher Würfel, in diesem Fall also 62 Würfel.

Somit beträgt die kleinste Anzahl von Würfeln 50 (Fall 3).

19.9   L-4.9 FüMO macht Spaß (52311)

a) Wegen $O + O + O < 30$ kann der Übertrag höchstens 2 sein.
Da $M + M + M + 2 < 30$, ist auch hier der Übertrag höchstens 2. Gleiches gilt für $\ddot{U} + \ddot{U} + \ddot{U} + 2 < 30$.
Damit ist auch $F + F + F + 2 < 30$, und für S muss gelten: $S < 3$.

b) Sei $S = 2$.
$O + O + O = 2$ bzw. 22 ist nicht möglich, also ist
$O + O + O = 12$ und deshalb $O = 4$.
Das heißt $M + M + M + 1 = 2$ bzw. 12 bzw. 22. Die Summenwerte 2 und 12 sind nicht möglich, 22 wird nur richtig für $M = 7$.
Das heißt $\ddot{U} + \ddot{U} + \ddot{U} + 2 = A$ bzw. $A + 10$ bzw. $A + 20$.
$\ddot{U} = 0$ ist wegen $A = 2 = S$ nicht möglich, ebenso $\ddot{U} = 2$ wegen $S = 2$, $\ddot{U} = 4$ wegen $A = 4$, $\ddot{U} = 5$ wegen $A = 7 = M$, $\ddot{U} = 7$ wegen $M = 7$ und $\ddot{U} = 9$ wegen $A = 9$.
$\ddot{U} = 1$ liefert $A = 5$. Wegen $S = 2$ und $\ddot{U} + \ddot{U} + \ddot{U} + 2 = A$ (kein Übertrag) ist $F + F + F = 20 + P$, also $F = 8$ mit $P = 4$ bzw. $F = 9$ mit $P = 7$. Beide Zahlen für P sind bereits vergeben.
$\ddot{U} = 3$ liefert (wegen des Übertrags 2) $A = 1$. Wegen $S = 2$ ist $F + F + F + 1 = 20 + P$, also $F = 8$ mit $P = 5$ bzw. $F = 9$ mit $P = 8$. Beides ist möglich.
$\ddot{U} = 6$ liefert $A = 0$ mit dem Übertrag 2. Wegen $S = 2$ ist $F + F + F + 2 = 20 + P$, also $F = 8$ mit $P = 6$ bzw. $F = 9$ mit $P = 9$. Beides ist nicht möglich.
$\ddot{U} = 8$ liefert $A = 6$ mit dem Übertrag 2. Wegen $S = 2$ ist $F + F + F + 2 = 20 + P$, also $F = 8$ mit $P = 5$ bzw. $F = 9$ mit $P = 8$. Beides ist nicht möglich.

Damit gibt es genau zwei Lösungen:

(1) $8\,374 + 8\,374 + 8\,374 = 25\,122$
(2) $9\,374 + 9\,374 + 9\,374 = 28\,122$

19.10 L-4.10 Zettelwirtschaft (62312)

a) Da jeder Zettel genau einmal gezogen wird, beträgt die Summe der fünf genannten Teilsummen gerade $1 + 2 + 3 + \ldots + 9 + 10 = 55$. Ali, Bea, Cleo und Dani teilen zusammen $17 + 16 + 11 + 7 = 51$ mit, weshalb Emil die Summe 4 melden müsste.

b) Emil kann die Summe 4 nur mit den Zetteln 1 und 3 erreichen, weil seine Zahlen verschieden sein müssen. Für die Summe 7 von Dani bleiben dann nur noch die Zettel 2 und 5. Die anderen Zerlegungen von $7 = 1 + 6 = 3 + 4$ würden jeweils einen Zettel von Emil benötigen. Aus den verbleibenden Zetteln 4, 6, 7, 8, 9 und 10 kann 11 nur noch mittels $4 + 7$ erreicht werden. Schließlich kann Bea die Summe 16 nur noch mit 6 und 10 und Ali die 17 nur durch 8 und 9 erhalten. *Ergebnis:* Ali: $8 + 9$; Bea: $6 + 10$; Cleo: $4 + 7$; Dani: $2 + 5$; Emil: $1 + 3$

19.11 L-4.11 Dreiecksmuster (62323)

a) Steht links unter der 2 die Zahl x (größer als 3), so steht im Feld B $x + 3$, da der Wert von B nicht kleiner als 3 sein kann. Rechts neben x steht entweder $x - 2$ (Fall 1) oder $x + 2$ (Fall 2).

  (1) Rechts neben der 2 steht dann der Unterschied zwischen $x - 2$ und 1, also $x - 3$. Feld A hat dann den Wert $(x - 3) - 2 = x - 5$; dieser ist also um 8 kleiner als der Inhalt von B (siehe Abb. 19.4).

  (2) Hier steht rechts von der 2 die Zahl $x + 1$ und in Feld A $(x + 1) - 2 = x - 1$. Der Wert von A ist hier also um 4 kleiner als B (Abb. 19.5).

  b) Siehe Abb. 19.6 und 19.7.

Abb. 19.4 Dreiecksmuster a1

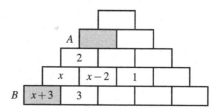

Abb. 19.5 Dreiecksmuster a2

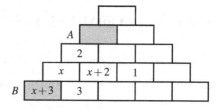

Abb. 19.6 Dreiecks-
muster b1

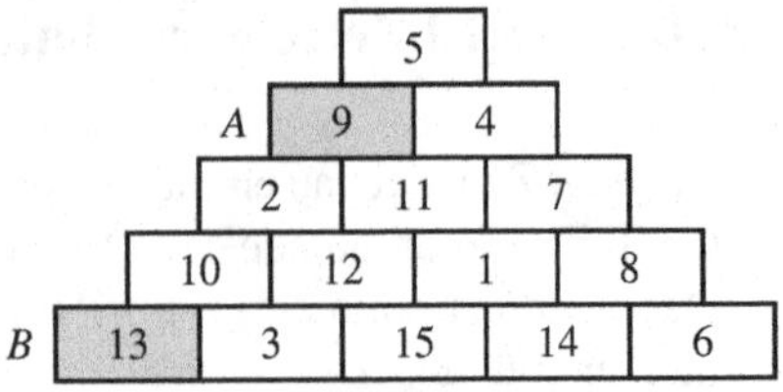

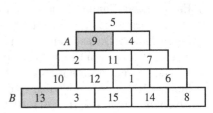

Abb. 19.7 Dreiecks-
muster b2

19.12   L-4.12 Davidsterne (52511)

a) Siehe Abb. 19.8.
b) Beim Ausgangsstern entstehen sechs Dreiecke.
    Mit jedem weiteren Stern kommen zwölf Dreiecke dazu.
    Also hat man bei drei Sternen $6 + 2 \cdot 12 = 30$ Dreiecke.
    Bei 25 Davidsternen hat man dann $6 + 24 \cdot 12 = 294$ Dreiecke.
c) Aus $6 + 12 \cdot x = 2\,016$ folgt $12 \cdot x = 2\,010 \Rightarrow x = 167{,}5$.
    Also muss man in den Anfangsstern 168 Sterne zeichnen.

Abb. 19.8 Davidsterne

19.13   L-4.13 FüMO wird 25 (52513)

Da $F = 1$, sind 1, 2 und 5 nicht mehr möglich, also ist $W \geq 3$ und $R \geq 4$.

(1) Sei $W = 3$ und $R = 4$ (Restziffern 0, 6, 7, 8, 9)

    a) $\ddot{U} = 0$. Wegen $I, D > 5$ ist $I + D > 12$ bzw. $I + D + 5 > 17$.
       Fall 1: $I + D + 5 < 20$, d. h. $I + D < 15$.

Dann gilt für die Zehner: $1 + M = 3 + 4 + 2 + 1$, also $M = 9$.

Mit $I = 6$ und $D = 7$ ist $O = 8$ und $(10 + 98) - (36 + 47) = 25$ eine wahre Aussage.

Mit $I = 6$ und $D = 8$ ist $O = 7$ und $(10 + 97) - (36 + 48) = 25$ eine falsche Aussage.

Fall 2: $I + D > 15$.

Dann gilt für die Zehner: $1 + M = 3 + 4 + 2 + 2$, also $M = 10 > 9$.

b) $Ü > 0$, d. h. $I = 0$

Wegen $Ü, O, D > 5$ ist $Ü + O > 12$ und $D + 5 > 10$.

Dann gilt für die Zehner: $2 + M = 3 + 4 + 2 + 1$, also $M = 8$.

Wegen $Ü + O = 5 + D$ gibt es für $D = 6, 7, 9$ keine Lösung für $Ü$ und O.

(2) $W \geq 4$, d. h. $R \geq 6$

Dann gibt es links $1 + M$ oder $2 + M$ Zehner und rechts mindestens $4 + 6 + 2 = 12$ Zehner, d. h., es gibt wegen $M \geq 10$ keine weitere Lösung mehr.

Also gibt es genau eine Lösung:

$F = 1, Ü = 0, M = 9, O = 8, W = 3, I = 6, R = 4, D = 7$.

Das heißt $(10 + 98) - (36 + 47) = 25$

Kapitel 20
Logisches und Spiele

Inhaltsverzeichnis

20.1 L-5.1 Ehrliche Ritter? (52122)

Würden zwei ehrliche Ritter nebeneinandersitzen, so könnten sie nicht sagen, dass ihre beiden Nachbarn lügen. Ebenso könnten zwei benachbarte Lügner nicht behaupten, dass jeder Nachbar lügt, denn damit würden sie einmal die Wahrheit sagen, doch Lügner lügen immer! Am runden Tisch wechseln sich also Lügner und ehrliche Ritter ab, weshalb die Gesamtzahl gerade sein muss. Alfons hat also sicher gelogen. Da Bert dies feststellt, ist er ehrlich. Damit stimmt auch seine Behauptung, es seien insgesamt zwölf Ritter.

20.2 L-5.2 Mäusejagd (52213)

Alf und Jerry haben genauso viele Mäuse gefangen wie Tom und Fopsi.

(1) Alf, Jerry und Fopsi haben also zusammen genauso so viele wie Tom und das Zweifache von Fopsi gefangen.

(2) Alf und Jerry und Fopsi haben also weniger als Tom und das Doppelte von Jerry.

Aus (1) und (2) folgt:

Toms Anzahl und das Zweifache von Fopsi ist weniger als Toms Anzahl und das Zweifache von Jerry. Daraus folgt: (3) Fopsi hat weniger als Jerry.

Alf und Jerry haben genauso viele wie Tom und Fopsi. Wegen (3) muss dann Tom mehr als Alf haben. Da Alf mehr als Jerry hat, gilt: Tom hat mehr als Alf, dieser mehr als Jerry und Jerry wiederum mehr als Fopsi.

Da Tom drei Mäuse fing, verbleiben für Alf zwei Mäuse, für Jerry eine und für Fopsi gar keine Maus.

20.3   L-5.3 Frühstücksbuffet (62212)

Die Anzahl der Gäste, die

(1) nur Wurst essen, sei w,

(2) nur Käse essen, sei k,

(3) nur Marmelade essen, sei m,

(4) nur Wurst und Käse essen, sei wk,

(5) nur Wurst und Marmelade essen, sei wm,

(6) nur Käse und Marmelade essen, sei mk,

(7) Wurst, Käse und Marmelade essen, sei wmk.

Versucht man im linken Diagramm in Abb. 20.1 für jedes Teilgebiet die entsprechende Anzahl von Gästen einzutragen, so erkennt man:

Wegen (2) $wm = 6$, (3) $w = 2 \cdot m$ und (1) ist $w + wm + m = 18$ (keinen Käse). Also gilt $2 \cdot m + 6 + m = 18$, und damit $3 \cdot m = 12$.

Daraus folgt $m = 4$ und $w = 8$.

Wegen (4) ist $w = wk - 2$, also gilt: $wk = 10$.

Wegen (1) ist $w + wk + k = 25$, also gilt: $k = 7$.

Wegen (1) ist $m + mk + k = 13$, also gilt: $mk = 2$.

Subtrahiert man von 51 die ermittelten Anzahlen, so erhält man $wmk = 14$ und das nun ausgefüllte Diagramm rechts in der Abb. 20.1.

a) Acht Gäste essen nur Wurst.

b) $6 + 10 + 2 = 18$ Gäste nehmen zwei Beläge.

c) 14 Gäste probieren alle drei Beläge.

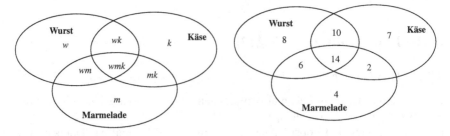

Abb. 20.1 Frühstücksbuffet

20.4   L-5.4 Der Champion (62223)

a) Pro Wettbewerb wurden $5 + 4 + 3 + 2 + 1 = 15$ Punkte vergeben, insgesamt also 75 Punkte.

Egon erhielt fünf Punkte beim Schwimmen und drei beim Radfahren, bekam also mindestens $5 + 3 + 1 + 1 + 1 = 11$ Punkte.

Da Andi mit 24 Punkten gewann, bleiben für Bernd, Chris und Dieter höchstens $75 - 24 - 11 = 40$ Punkte. Wegen der Eindeutigkeit der Reihenfolge konnten Dieter nur 12, Chris 13 und Bernd 15 Punkte erringen.

b) Andi erreichte seine 24 Punkte durch vier Siege und einen zweiten Platz im Schwimmen. Wenn Chris viermal denselben Platz und insgesamt $13 = 4 \cdot 3 + 1$ Punkte erreichte, musste er in allen Disziplinen außer dem Radfahren Dritter gewesen sein.

Im Schwimmen gilt damit die Reihenfolge: Egon, Andi, Chris. Da Bernd und Dieter weder Erster noch Dritter wurden, können die 15 Punkte von Bernd nur aus $4 \cdot 3 + 2 + 1$ entstanden sein, und für Dieter bleiben $1 \cdot 4 + 4 \cdot 2$. Dieter wurde also nie Letzter, im Schwimmen Vierter und Bernd Fünfter.

Es ergab sich im Schwimmen die folgende Reihenfolge:
Egon, Andi, Chris, Dieter, Bernd.

20.5   L-5.5 Pilzsammlung (52313)

Nach den Aussagen der Kinder hat jedes Kind mindestens so viele Pilze wie Anja gesammelt. Da es fünf Kinder sind, befinden sich also mindestens fünfmal so viele Pilze in den Körben, wie Anja gesammelt hat.

Zu diesen kommen nun noch die von Bea, Caro, Daniel und Eva mehr gesammelten Pilze. Diese Anzahl ergibt sich aus
$5 + (5 + 6) + (5 + 6 + 7) + (5 + 6 + 7 + 8) = 60$.

Da insgesamt 100 Pilze gesammelt wurden, muss die fünffache Anzahl von Anjas Pilzen $100 - 60 = 40$ sein.

Also hat Anja $40 : 5 = 8$ Pilze gesammelt. Daraus ergibt sich:
Bea hat $8 + 5 = 13$, Caro hat $13 + 6 = 19$, Daniel hat $19 + 7 = 26$ und Eva $26 + 8 = 34$ Pilze gesammelt.

Zusammen haben sie $8 + 13 + 19 + 26 + 34 = 100$ Pilze gesammelt.

20.6   L-5.6 Wer vor wem? (62412)

Da Karl den 21. Platz belegt, kommen 20 Teilnehmer vor ihm an. Das sind doppelt so viele wie diejenigen, die nach Carola ankommen. Also kommen zehn Läufer nach Carola an.

Sei x die Zahl der Läufer, die nach Karl im Ziel ankommen, so kommen $3x$ Läufer vor Carola an. Insgesamt sind es $21 + x$ Läufer.
Vor Carola kommen $3x$ an, nach ihr zehn. Also gilt: $3x + 1 + 10 = 21 + x$, d. h. $2x = 10$, also $x = 5$. Also kommen vor Carola $3 \cdot 5 = 15$ Läufer an.
Damit belegt Carola den 16. Platz, war also schneller als Karl.

20.7   L-5.7 Schachturnier (52523)

Angenommen, in Antwort (1) stimmt die Aussage „Alois wurde Zweiter". Dann ist in Antwort (2) die Aussage „Alois wurde Erster" falsch, und Bea muss Zweite geworden sein.
Das ist aber ein Widerspruch dazu, dass Alois Zweiter geworden ist. Also kann Alois nicht Zweiter geworden sein, und demzufolge wurde Daniel Dritter.
Demnach ist in Antwort (3) die Aussage „Daniel wurde Vierter" falsch. Das bedeutet, Cora wurde Zweite. Es bleibt zu ermitteln, wer Erster und wer Vierter wurde. In Antwort (2) muss die Aussage „Bea wurde Zweite" falsch sein, da ja Cora Zweite geworden ist.
Also ist Alois Erster und Bea Vierte.
Die Reihenfolge auf den ersten vier Plätzen lautet daher: Alois, Cora, Daniel, Bea.

20.8   L-5.8 Haufenbildung (62123)

a) Ziel ist es, Haufen von 16, acht, vier und zwei Steinen zu erhalten, da man diese so lange teilen kann, dass man nur noch Haufen mit einem Stein erhält:
$3, 7, 19 \rightarrow 10, 19 \rightarrow 5, 5, 19 \rightarrow 5, 24 \rightarrow 5, 12, 12 \rightarrow 5, 6, 6, 12$
$\rightarrow 5, 3, 3, 6, 12 \rightarrow 8, 3, 6, 12 \rightarrow 4, 4, 3, 6, 12 \rightarrow 4, 3, 6, 16$
$\rightarrow 2, 2, 3, 6, 16 \rightarrow 2, 3, 8, 16 \rightarrow 1, 1, 3, 8, 16 \rightarrow 1, 4, 8, 16$
Danach kann man die Haufen vier, acht und 16 Steinen so lange teilen, bis nur noch Haufen mit einem Stein übrig bleiben.

b) Für Haufen mit 51, 49 und fünf Steinen gibt es drei Möglichkeiten zu beginnen:
Fall 1: $51, 49, 5 \rightarrow 100, 5$ (gemeinsamer Teiler 5)
Fall 2: $51, 49, 5 \rightarrow 51, 54$ (gemeinsamer Teiler 3)
Fall 3: $51, 49, 5 \rightarrow 56, 49$ (gemeinsamer Teiler 7)
Haben die Zahlen zweier Haufen gemeinsame Teiler, so bleiben beim Zusammenfügen oder Halbieren diese gemeinsamen Teiler bestehen. Damit kann man im Fall 1 nur Haufen mit mindestens fünf, im Fall 2 nur Haufen mit mindestens drei und im Fall 3 nur Haufen mit mindestens sieben Steinen herstellen.

20.9   L-5.9 Hell und dunkel (62311)

a) Spielt man vier Runden weiter, ergibt sich das Muster in Abb. 20.2.

b) Das Muster in Abb. 20.3 könnte dem Startmuster vorausgehen.

c) Das Leuchtbild nach dem 23. Beleuchtungswechsel hat das Leuchtbild nach der zweiten Runde, da dieses danach konstant bleibt (Abb. 20.4).

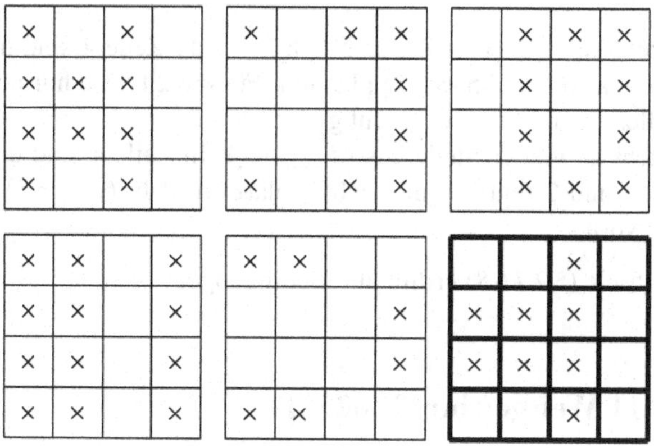

Abb. 20.2 Hell und dunkel a)

Abb. 20.3 Hell und dunkel b)

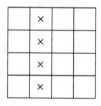

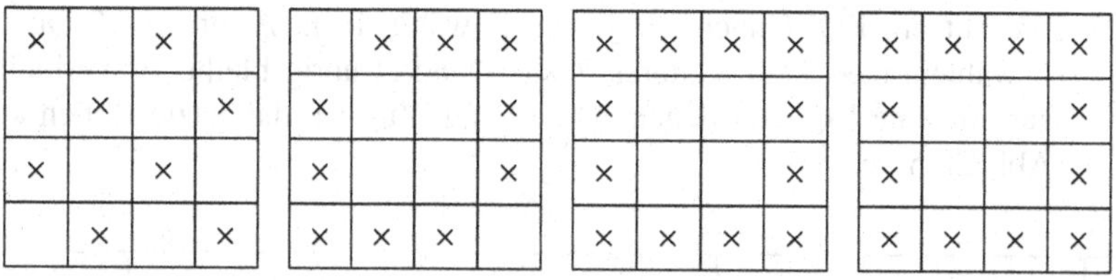

Abb. 20.4 Hell und dunkel c)

20.10   L-5.10 Mastermind (62411)

a) Zeile 3 und 4 stimmen in den Ziffern 2, 6 und 8 überein. Würden nur zwei von den drei Ziffern korrekt sein, so müssten auch 1 und 7 (Zeile 3) sowie 3 und 5 (Zeile 4) richtig sein; die Lösungsfolge müsste also aus sechs Ziffern bestehen.

Damit sind 6, 2 und 8 richtige Ziffern. Diese Ziffern kommen auch in Zeile 2 vor, weshalb 1 und 0 falsch sind. Damit muss 7 die vierte korrekte Ziffer in Zeile 3 und zugleich die einzige richtige Ziffer in Zeile 1 sein. Die 3 ist also falsch, und damit ist wegen Zeile 4 noch die 5 richtig.

Die Lösungsziffern lauten: 2, 5, 6, 7 und 8.

b) Zeile 1: 7 steht in der Mitte (_ _ 7 _ _).

Zeile 2: Da 2 nicht an dritter Stelle sein kann, muss entweder 8 und 6 richtig platziert sein.

Fall 1   8 steht an zweiter Stelle, also (_ 8 7 _ _). In Zeile 4 sind dann 2 und 8 falsch, also 6 und 5 richtig platziert. Für die 2 bliebe nur noch die letzte Stelle, was nach Zeile 3 nicht gilt.

Fall 2   6 steht an vierter Stelle, also (_ _ 7 6 _). In Zeile 4 sind damit 6 und 5 falsch und 2 und 8 somit richtig platziert, d. h. (_ 2 7 6 8). Die 5 steht also vorn.

Die Reihenfolge (5 2 7 6 8) erfüllt alle Bedingungen!

20.11   L-5.11 Wer gewinnt? (62521)

a) Anja (A) gewinnt, wenn sie im ersten Zug das 2×2-Quadrat in der Mitte färbt. Dann verbleiben noch vier Einheitsquadrate (EQ), die nur einzeln gefärbt werden können. Da Berta (B) am Zug ist, kann A das letzte EQ färben und gewinnt (Abb. 20.5, links).

b) Anja (A) gewinnt, wenn sie ein EQ in der ersten Spalte färbt.

Berta (B) hat dann nur folgende Möglichkeiten:

(1) B wählt ein 2×2-Quadrat in Spalte 2 und 3 oder 3 und 4 oder 4 und 5. Dann wählt A in einer der freien Spalten wieder ein EQ; es verbleiben vier einzelne EQ, von denen A, da B am Zug ist, das letzte färben kann (Abb. 20.5, Mitte).

(2) B wählt ein EQ. Gleichgültig, wie B wählt, kann A ein 2×2-Quadrat so wählen, dass kein weiteres 2×2-Quadrat übrig bleibt. Es verbleiben vier einzelne EQ, von denen A, da B am Zug ist, das letzte färben kann (Abb. 20.5, rechts).

1B	1A	1A	2B		1A	1B	1B	2A			1A		2A	2A	
2A	1A	1A	3A			1B	1B					1B	2A	2A	

Abb. 20.5 Wer gewinnt?

Kapitel 21
Geometrisches

Inhaltsverzeichnis

21.1   L-6.1 FüMO im Quadrat (52421)

a) $32 = 4 \cdot 8$ und $14 = 2 \cdot 7$. Daraus folgt, dass die längeren Seiten von U und O parallel zueinander liegen müssen, da anderenfalls wegen $8 + 2 = 10$ kein Rechteck E entstehen könnte. Durch die Lage von U und O ist E festgelegt (Abb. 21.1). E hat den Flächeninhalt 20 FE. Liegt U hochkant, liegt auch O hochkant. Wegen der Achsensymmetrie zur Diagonale des Quadrats erhält man für E den gleichen Flächeninhalt.

b) Der maximale Flächeninhalt von E und O zusammen beträgt $9 \cdot 8 + 8 \cdot 1 = 80$. Dabei sind die Seiten von O mit 9 wegen M und 8 wegen F und E maximal. E hat dann die Seiten 8 wegen F und M und 1. Vergrößert man E, wird auch F größer, und deshalb werden O und E zusammen kleiner.

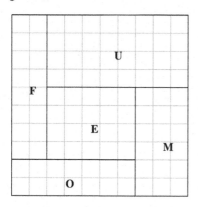 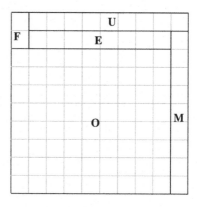

Abb. 21.1 FüMO im Quadrat

© Springer-Verlag GmbH Deutschland, ein Teil von Springer Nature 2018
P. Jainta et al., *Mathe ist noch mehr*, https://doi.org/10.1007/978-3-662-56651-0_21

21.2   L-6.2 Fünf Rechtecke im Quadrat (62421)

a) $30 = 5 \cdot 6$, also hat U den Umfang $(5+6) \cdot 2 = 22$. Gesucht ist eine kleinere Zahl als 30, die sich in zwei Faktoren zerlegen lässt, deren doppelte Summe größer als 22 ist (Flächen- bzw. Umfangsformel von Rechtecken).

Für 29 und 28 ($28 = 7 \cdot 4$, $(7+4) \cdot 2 = 22$) ist dies nicht möglich. Für $27 = 3 \cdot 9$ ist aber $(9+3) \cdot 2 = 24 > 22$. Also wählt man für M die Seiten 3 und 9. Der Flächeninhalt von F ist $28 < 30$, der Flächeninhalt von E ist $10 < 30$, der Flächeninhalt von O ist $5 < 30$.

Der Umfang von F ist $22 < 24$, der Umfang von E ist $14 < 24$, der Umfang von O ist $12 < 24$ (Abb. 21.2 links).

b) Abb. 21.2 rechts zeigt eine Zerlegung, in der die Bedingung von a) erfüllt ist. Der Flächeninhalt von U ist mit $28 < 30$ der größte aller fünf Rechtecke (F:21, E:18, O:6, M:27).

Der Umfang von M ist mit 24 der größte aller fünf Rechtecke (F:20, U:22, E:18, O:14).

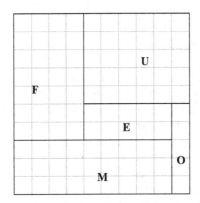
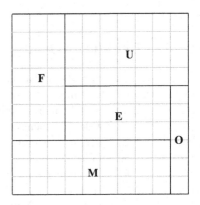

Abb. 21.2 Fünf Rechtecke im Quadrat

21.3 L-6.3 Gleichseitige Dreiecke (62511)

a) Die Bezeichnungen entnehmen wir Abb. 6.3 in der Aufgabe auf Abschn. 6.3.
   Wegen der Gleichseitigkeit der Dreiecke gilt:
   $|IK| = 6\,\text{cm}$, also ist $|ID| = |KD| = |IN| = |NK| = 6\,\text{cm}$.
   $|GH| = 2\,\text{cm}$, also ist $|GI| = |IH| = 2\,\text{cm}$.
   Daraus folgt:
   $|HF| = |FC| = |HC| = |CD| = |HD| = 6\,\text{cm} - 2\,\text{cm} = 4\,\text{cm}$.
   $|ME| = |EG| = |MG| = |MN| = |NG| = 6 + 2\,\text{cm} = 8\,\text{cm}$.
   $|GF| = |HF| - |GH| = 4\,\text{cm} - 2\,\text{cm} = 2\,\text{cm}$.
   $|AE| = |EB| = |EF| = |EG| - |GF| = 8\,\text{cm} - 2\,\text{cm} = 6\,\text{cm}$.
   Damit ist $|AL| = |MA| = |ME| + |AE| = 8\,\text{cm} + 6\,\text{cm} = 14\,\text{cm}$.

b) Wegen $14\,\text{cm} : 2\,\text{cm} = 7$ passt die Seite des kleinsten Dreiecks siebenmal in die
   Seite des größten Dreiecks. In Abb. 21.3 erkennt man, dass
   $1 + 3 + 5 + 7 + 9 + 11 + 13 = 49$ kleine Dreiecke in das große hineinpassen.

Abb. 21.3 Gleichseitige
Dreiecke

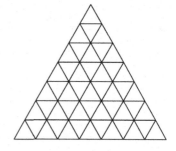

Kapitel 22
Alltägliches

Inhaltsverzeichnis

22.1   L-7.1 Malerarbeiten (62121)

Wir betrachten jeweils die für einen Auftrag benötigten Arbeitsstunden (in Stunden). Für die zwölf Neubauten würden insgesamt $10 \cdot 9 \cdot 8\,\text{h} = 720\,\text{h}$ benötigt. Für einen Neubau wären dies $720\,\text{h} : 12 = 60\,\text{h}$. Deshalb werden für elf Häuser (reduzierter Auftrag) $11 \cdot 60\,\text{h} = 660\,\text{h}$ benötigt. Eingesetzt werden drei Tage lang neun Arbeiter mit je $8\,\text{h}$ (dies ergibt $3 \cdot 9 \cdot 8\,\text{h} = 216\,\text{h}$), dann zwei Tage lang acht Maler mit je $8\,\text{h}$ (dies ergibt $2 \cdot 8 \cdot 8\,\text{h} = 128\,\text{h}$) und dann fünf Tage lang sieben Maler mit je $9\,\text{h}$ (dies ergibt $5 \cdot 7 \cdot 9\,\text{h} = 315\,\text{h}$).
Insgesamt werden also $216\,\text{h} + 128\,\text{h} + 315\,\text{h} = 659\,\text{h}$ gearbeitet, also $1\,\text{h}$ weniger als benötigt. Damit schafft die Firma den Auftrag ganz knapp nicht.
Eine Überstunde eines Arbeiters oder $10\,\text{min}$ Zusatzarbeit für sechs Maler würden noch benötigt.

22.2   L-7.2 Bootspartie (52412)

Es sind $27 + 29 = 56$ Schüler. Somit sitzen bei gleichmäßiger Auslastung der vier Boote $56 : 4 = 14$ Schüler in jedem Boot. Sieben Schüler gehen vom ersten Boot, und zwei Schüler kommen ins erste Boot. Also waren $14 + 7 - 2 = 19$ Schüler im ersten Boot. Ein Schüler geht vom zweiten Boot, und sieben Schüler kommen dazu. Also waren $14 + 1 - 7 = 8$ Schüler im zweiten Boot. $2 + 2$ Schüler gehen vom

© Springer-Verlag GmbH Deutschland, ein Teil von Springer Nature 2018
P. Jainta et al., *Mathe ist noch mehr*, https://doi.org/10.1007/978-3-662-56651-0_22

dritten Boot. Also waren $14 + 2 + 2 = 18$ Schüler im dritten Boot. $1 + 2$ Schüler kommen ins vierte Boot. Also waren $14 - 1 - 2 = 11$ Schüler im vierten Boot.
Probe:
(1) Erstes Boot: $19 - 7 + 2 = 14$, (2) Zweites Boot: $8 - 1 + 7 = 14$
(3) Drittes Boot: $18 - 2 - 2 = 14$, (4) Viertes Boot: $11 + 1 + 2 = 14$
(5) In jedem Boot sitzen 14 Schüler: $19 + 8 + 18 + 11 = 56 = 14 + 14 + 14 + 14$

22.3   L-7.3 Bowle (62422)

a) 2 l Bowle enthalten $0,12 \cdot 2 \, l = 0,24 \, l$ Zucker. Davon nimmt Mutter den vierten Teil, also $0,06 \, l$, und gießt ihn in den Krug mit Wasser, welcher nun $1,5 \, l$ Flüssigkeit enthält. Ein Drittel davon, also auch $0,02 \, l$ Zucker, schüttet sie wieder in die Bowle.
Im Krug befindet sich $1 \, l$ Getränk mit nun $0,02 \, l$ Zucker, was $4 \, \%$ Zuckergehalt bedeutet. Im Bowlegefäß sind wieder $2 \, l$ mit nun $(0,24 \, l - 0,06 \, l) + 0,02 \, l = 0,2 \, l$ Zucker. Da ein Liter Bowle $0,1 \, l$ Zucker enthält, beträgt der Zuckergehalt der Bowle noch $10 \, \%$.

b) Da in beiden Gefäßen vorher und nachher die gleichen Mengen sind, sind auch die Austauschmengen gleich, d. h., es ist gleich viel Bowle im Krug wie Wasser im Bowlegefäß.

22.4   L-7.4 Die Zeit läuft (62513)

a) Zunächst lässt man nur die 7-min-Uhr laufen. Nach 7 min dreht man beide Uhren um. Nach weiteren 5 min (insgesamt 12 min) ist die kleinere Uhr abgelaufen und wird umgedreht. Nach weiteren 2 min ($= 14$ min) ist die größere Uhr abgelaufen, in der kleineren ist Sand für 2 min gefallen. Dreht man diese nochmals um, so dauert es 2 min ($= 16$ min), bis dieser Sand zum restlichen rieselt.

b) Siehe Tab. 22.1.

Tab. 22.1 Die Zeit läuft

Zeit	Kleinere Uhr (5 min)	Größere Uhr (7 min)
0 min	Voll	Voll
5 min	Leer, umdrehen	Noch 2 min Laufzeit
7 min	2 min abgelaufen, umdrehen, noch 2 min Laufzeit	Leer, umdrehen
9 min	Leer umdrehen	2 min abgelaufen, umdrehen, noch 2 min Laufzeit
11 min	2 min abgelaufen, umdrehen, noch 2 min Laufzeit	Leer
13 min	Leer	–

22.5   L-7.5 Kalenderrechnung (62522)

a) 1700, 1800 und 1900 sind keine Schaltjahre, weshalb es genau
    $2016 : 4 - 3 = 501$ Schaltjahre gab.

b) Vier Jahre entsprechen $3 \cdot 365 + 366 = 1461$ Tage. In 600 000 Tage passen 410
    solcher Vierjahresabschnitte.
    Zieht man noch die von Papst Gregor gestrichenen Tage ab, so sind bis Ende
    1640 genau $410 \cdot 1461 - 10 = 599\,000$ Tage vergangen. Die restlichen 1 000
    Tage entsprechen zwei Normaljahren und 270 Tagen. Der 600 000. Tag fiel so-
    mit auf den 27. September 1643.

c) Seit Beginn der Zeitrechnung sind bis 1. Februar 2017 insgesamt $2016 \cdot 365 +$
    $501 + 31 - 10 = 736\,362$ Tage vergangen. Dies entspricht 105 194 Wochen und
    vier Tagen. Rechnet man vom Mittwoch vier Tage zurück, so ist der erste Tag
    unserer Zeitrechnung ein Samstag gewesen.

Kapitel 23
Weitere Zahlenspielereien

Inhaltsverzeichnis

23.1   L-8.1 Zahlenwürfel (82112)

Die sechs Seitenflächen des Würfels $ABCDEFGH$ (Abb. 23.1) werden folgendermaßen beschriftet: $ABCD$ mit a, $EFGH$ mit b, $ADHE$ mit c, $BCGF$ mit d, $ABFE$ mit e und $DCGH$ mit f.

Dann gilt für die Summe der Produkte der acht Ecken:

$ace + ade + adf + acf + bce + bde + bdf + bcf = 1\,001.$

Durch Ausklammern der linken Seite erhält man:

$a(ce + de + df + cf) + b(ce + de + df + cf) = (a+b)(ce + de + df + cf) = (a + b)[e(c + d) + f(c + d)] = (a + b)(c + d)(e + f).$

Zerlegt man $1\,001$ in Primfaktoren, erhält man $1\,001 = 7 \cdot 11 \cdot 13$.

Damit kann man jeder Teilsumme genau eine der Zahlen 7, 11 oder 13 zuordnen.

Für die Summe $a + b + c + d + e + f$ ergibt sich:

$(a + b) + (c + d) + (e + f) = 7 + 11 + 13 = 31.$

Eine mögliche Beschriftung wäre

$a = 1, b = 6, c = 2, d = 9, e = 3$ und $f = 10$.

© Springer-Verlag GmbH Deutschland, ein Teil von Springer Nature 2018
P. Jainta et al., *Mathe ist noch mehr*, https://doi.org/10.1007/978-3-662-56651-0_23

Abb. 23.1 Der Würfel
ABCDEFGH

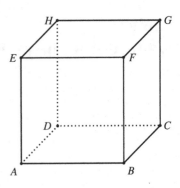

23.2 L-8.2 Würfelrunde (72212)

Es sind nur vier verschiedene Ansichten möglich (Abb. 23.2). Da aber von den Schülern nur drei Informationen vorliegen, sollten wir mit drei Gleichungen auskommen. Wir benutzen die Bezeichnungen auf den Seitenflächen und verwenden o.B.d.A. die ersten drei Ansichten:

(1) $a + b + c = 9$
(2) $a + c + d = 14$
(3) $a + d + e = 15$

Subtraktion der Gleichung (1) von (2) liefert $d - b = 5$, d. h. $b < d$.
Die einzigen beiden Zahlen aus der Menge $\{1, 2, 3, 4, 5, 6\}$, die sich um genau 5 unterscheiden, sind $b = 1$ und $d = 6$.
Subtraktion der Gleichung (2) von (3) liefert entsprechend $e - c = 1$, d. h., e und c unterscheiden sich um genau 1. Wegen $b = 1$ und $d = 6$ gibt es dafür nur die drei Möglichkeiten $c = 2$ und $e = 3$, $c = 3$ und $e = 4$ sowie $c = 4$ und $e = 5$.
Wir überprüfen diese Möglichkeiten:

(M1) $c = 2, e = 3, b = 1, d = 6$: Eingesetzt in Gleichung (1) ergibt $a + 1 + 2 = 9$ oder $a = 6$. Dies ist wegen $d = 6$ nicht möglich.

(M2) $c = 3, e = 4, b = 1, d = 6$: Wieder eingesetzt in Gleichung (1) ergibt $a + 1 + 3 = 9$, d. h. $a = 5$. Wir überprüfen Bedingung (2) und (3): Es ist $a + c + d = 5 + 3 + 6 = 14$ und $a + d + e = 5 + 6 + 4 = 15$. Die Bedingung (2) und (3) sind erfüllt. Der Fall $a = 5$ ist also möglich.

(M3) $c = 4, e = 5, b = 1, d = 6$. Aus Gleichung (1) erhalten wir $a + 1 + 4 = 9$ bzw. $a = 4$. Dies ist jedoch wegen $c = 4$ nicht möglich.

Nach (M2) ist die einzige nicht verwendete Augenzahl die Zahl 2.
Sie liegt unten.

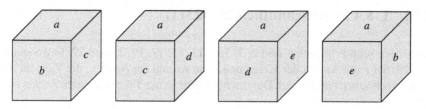

Abb. 23.2 Würfelrunde Die möglichen Würfelansichten

23.3   L-8.3 Oktaeder (72311)

Die Summe aller Zahlen ist $1 + 2 + 3 + \ldots + 8 = 36$.
Jede Seitenfläche ist an drei verschiedenen Ecken beteiligt (Abb. 23.3).
Die Gesamtsumme S aller Eckensummen beträgt $3 \cdot 36 = 6 \cdot S$.
Also ist $S = \frac{36 \cdot 3}{6} = 18$.
Damit erhält man für die sechs Ecken die folgenden Gleichungen:

$$
\begin{array}{lll}
(1) & A + B + C + 4 = 18 & \Leftrightarrow \quad A + B + C = 14 \\
(2) & D + 8 + 2 + E = 18 & \Leftrightarrow \quad\quad\quad D + E = 8 \\
(3) & A + B + D + 8 = 18 & \Leftrightarrow \quad A + B + D = 10 \\
(4) & B + C + 8 + 2 = 18 & \Leftrightarrow \quad\quad\quad B + C = 8 \\
(5) & C + 4 + 2 + E = 18 & \Leftrightarrow \quad\quad\quad C + E = 12 \\
(6) & 4 + A + D + E = 18 & \Leftrightarrow \quad A + D + E = 14
\end{array}
$$

Da bei Gleichung (5) für C und E nur 5 und 7 infrage kommen, gibt es zwei Fälle:

Fall 1: $C = 5$ und $E = 7$
$\Rightarrow D = 1$ wegen Gleichung (2) $\Rightarrow A = 6$ wegen Gleichung (6) $\Rightarrow B = 3$
wegen Gleichung (4)

Fall 2: $C = 7$ und $E = 5$
$\Rightarrow D = 3$ wegen Gleichung (2) $\Rightarrow A = 6$ wegen Gleichung (6) $\Rightarrow B = 1$
wegen Gleichung (4)

Abb. 23.3 In die Ebene
geklappte Seitenflächen des
Oktaeders

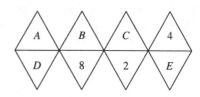

23.4   L-8.4 Durchschnittlich 10 (82311)

Die ersten zehn Primzahlen sind 2, 3, 5, 7, 11, 13, 17, 19, 23 und 29. Ihre Summe ist 129. Sei v die Anzahl der *Vieren* und n die Anzahl der *Neunen*, die Viola an die Tafel geschrieben hat. Für den Durchschnitt aller an der Tafel stehenden Zahlen soll gelten:

$$\frac{129 + 4v + 9n}{10 + v + n} = 10$$
$$\Rightarrow 129 + 4v + 9n = 100 + 10v + 10n$$
$$29 = 6v + n$$

Da v und n keine negativen Zahlen sein können, ist die maximale Anzahl von *Vieren* 4. (Für $v \geq 5$ wäre $6v + n > 29$.) Die minimale Anzahl von *Vieren* ist 0.
Setzt man nun für v die möglichen Zahlen 0, 1,2, 3, 4 in obige Gleichung ein, so erhält man folgende mögliche Paare $(v; n)$, die diese Gleichung erfüllen:
$(1; 23), (2; 17), (3; 11), (4; 5)$.
Die kleinste Summe in den Paaren ergibt sich zu $4 + 5 = 9$.
Also stehen jetzt mindestens $10 + 9 = 19$ Zahlen an der Tafel.
Probe: $(129 + 4 \cdot 4 + 5 \cdot 9) : (10 + 4 + 5) = (129 + 16 + 45) : 19 = 190 : 19 = 10$.

23.5   L-8.5 Gedankenspiel (72413)

Wird nicht die letzte Ziffer gestrichen, stimmen die Einerziffer der gedachten Zahl und der reduzierten Zahl überein. Damit müsste die Einerziffer des Ergebnisses gerade sein.
Also wurde die letzte Zahl gestrichen.
Gesucht ist eine Lösung für $\overline{abcx} + \overline{abc} = 2\,015$.
(*Hinweis*: $\overline{abcx}$ bezeichnet die vierstellige Zahl, die aus den Ziffern a, b, c, x besteht, und $\overline{abc}$ die dreistellige Zahl, die aus den Ziffern a, b, c besteht.)
Für $a = 2$ ergibt sich sofort ein Widerspruch, da $a + b$ die Hunderterziffer 0 liefern muss, und das geht nur mit Übertrag.
Für $a = 1$ geht nur noch $b = 8$ und $c = 3$.
Daraus folgt: Die gestrichene Ziffer ist eine 2.

Kapitel 24
Zahlentheorie

Inhaltsverzeichnis

24.1 L-9.1 Alles teilt (72113)

Sei n die gesuchte Zahl. Da durch 0 nicht geteilt werden darf, enthält n die Ziffer 0 nicht. Enthält n die Ziffer 5, kann diese nur an der Einerstelle stehen. Dann wäre n aber nicht mehr teilbar durch 2, 4, 6 und 8, n wäre höchstens fünfstellig. Also wird 5 ausgeschlossen. Damit n die 9 als Ziffer enthält, müsste die Quersumme der Zahl aus den verbleibenden Ziffern $1 + 2 + 3 + 4 + 6 + 7 + 8 + 9 = 40$ durch 9 teilbar sein. Dies geht aber nur, wenn man die 4 weglässt. Es verbleiben 1, 2, 3, 6, 7, 8 und 9.

Die Zahl n ist möglichst groß, wenn sie mit 98 ... beginnt. Damit sie durch 8 teilbar ist, muss die Zahl aus den letzten drei Ziffern (dafür verbleiben 1, 2, 3, 6, 7) durch 8 teilbar sein. Da dafür alle ungeraden Zahlen entfallen, müssen 126, 132, 136, 162, 172, 216, 236, 276, 312, 362, 372, 612, 632, 672, 712, 726, 732 und 762 untersucht werden. Davon sind nur 312, 672 und 712 durch 8 teilbar.

Wir betrachten zunächst den Fall 312 (damit wird n am größten).

Dann hat n die Form $98xy312$ mit $x, y \in \{6, 7\}$.

Wegen $9\,876\,312 = 7 \cdot 1\,410\,901 + 5$ ist diese Zahl nicht durch 7 teilbar. Dafür ist die nächstkleinere Zahl $9\,867\,312 = 7 \cdot 1\,409\,616$ durch 7 teilbar.

Da diese Zahl durch 8 und durch 9 teilbar ist, ist sie auch durch 2, 3 und 6 teilbar. Jede Zahl ist durch 1 teilbar.

Damit hat die Zahl $n = 9\,867\,312$ die geforderten Eigenschaften.

24.2   L-9.2 Eine unter zehn (72123)

a) Unter zehn aufeinanderfolgenden natürlichen Zahlen sind bereits 5 durch 2 teilbar. Maximal vier Zahlen sind durch 3 teilbar, davon sind zwei gerade und höchstens zwei ungerade. Es verbleiben noch mindestens drei ungerade Zahlen, die zu allen anderen teilerfremd sein können. Unter den zehn Zahlen gibt es höchstens zwei, die durch 5 teilbar sind, von denen eine gerade und eine ungerade ist. Gleiches gilt für die Teilbarkeit durch 7. Da eine weitere Primzahl $p > 7$ nur einmal vorkommen kann, verbleibt mindestens eine ungerade Zahl, die zu allen anderen teilerfremd ist.

b) Man verteilt die Primfaktoren 2, 3, 5 und 7 so, dass die Bedingung erfüllt ist. Tab. 24.1 zeigt ein Beispiel für eine Verteilung. Damit erhält man die Zahlen 210, **211**, 212, 213, 214, 215, 216, 217, 218 und 219, von denen nur die Zahl 211 zu allen anderen teilerfremd ist. Es gibt allerdings noch eine weitere Lösung mit kleineren Zahlen: Unter den zehn aufeinanderfolgenden natürlichen Zahlen $90, 91, 92, \ldots, 99$ ist nur 97 teilerfremd zu allen anderen.

Tab. 24.1 Beispiel für eine Verteilung

Zahl	210	**211**	212	213	214	215	216	217	218	219
Teiler 2	2	x	2		2		2		2	
Teiler 3	3	x		3			3			3
Teiler 5	5	x				5				
Teiler 7	7	x						7		

24.3   L-9.3 Bruchsalat (82213)

a) Mithilfe der Tab. 24.2 wird zu jedem Nenner von 1 bis $2\,013$ die Anzahl der möglichen Brüche ermittelt.

Dann gilt für die Gesamtanzahl z der echten Brüche:

$$z = 1 + 2 + 3 + \ldots + 2012 = \frac{2012 \cdot 2013}{2} = 2\,025\,078$$

b) Für die Summe der echten Brüche mit dem Nenner k ($1 \leq k \leq 2\,013$) erhält man:

$$\left(\frac{1}{k} + \frac{2}{k} + \frac{3}{k} + \ldots + \frac{k-1}{k}\right) = \frac{1}{k} \cdot (1 + 2 + 3 + \ldots + (k-1))$$

$$= \frac{1}{k} \cdot \frac{(k-1)k}{2} = \frac{1}{2} \cdot (k-1)$$

Damit lässt sich die gesuchte Gesamtsumme S bestimmen:

$$S = \sum_{k=1}^{2\,013} \left(\frac{1}{2} \cdot (k-1)\right)$$

$$= \frac{1}{2} \cdot (0 + 1 + 2 + 3 + \ldots + 2\,012)$$

$$= \frac{1}{2} \cdot \frac{1}{2} \cdot 2\,012 \cdot 2\,013 = 1\,012\,539$$

Tab. 24.2 Anzahl der echten Brüche

Nenner	1	2	3	4	...	2 013
Zahl der echten Brüche	0	1	2	3	...	2 012

24.4   L-9.4 Zahlentausch (72222)

Es seien a und b mit $a \leq b$ die beiden Zahlen, die an der Tafel stehen.
Nun hat a die Zifferndarstellung uvw und b entsprechend xyz.
Somit gilt $uvwxyz = 1\,000a + b$ und $xyzuvw = 1\,000b + a$.
Weiter gilt: $7(1\,000a + b) = 6(1\,000b + a)$, also ist $6\,994a = 5\,993b$.
Die Primfaktorzerlegungen von 6 994 bzw. 5 993 lauten:
$6\,994 = 2 \cdot 13 \cdot 269$ bzw. $5\,993 = 13 \cdot 461$
Somit ist $ggT(6\,994, 5\,993) = 13$, was zu $538a = 461b$ führt.
Da 538 und 461 teilerfremd sind, gilt $a = 461k$ und $b = 538k$ ($k \in \mathbb{N}$).
Da a und b dreistellig sind und $538 \cdot 2 > 999$, gibt es nur die Lösung $a = 461$ und $b = 538$.
Es stehen also die Zahlen 461 und 538 an der Tafel.
Probe: $7 \cdot 461\,538 = 3\,230\,766 = 6 \cdot 538\,461$, d. h., beide Produkte sind gleich.

24.5   L-9.5 Quadraterie (82222)

Sei m eine natürliche Zahl. Es wird vorausgesetzt, dass sich $2m$ als Summe zweier verschiedener Quadratzahlen schreiben lässt:
$2m = x^2 + y^2$ mit $x, y \in \mathbb{N}$ und $x > y > 0$.

Da $2m$ gerade ist, müssen x^2 und y^2 und damit auch x und y beide gerade oder beide ungerade sein, d. h. $x + y = 2a$ oder $x - y = 2b$ mit $a, b \in \mathbb{N}$. Nun ist:

$$
\begin{aligned}
4m = 2(x^2 + y^2) &= 2x^2 + 2y^2 + 2xy - 2xy \\
&= x^2 + 2xy + y^2 + x^2 - 2xy + y^2 \\
&= (x + y)^2 + (x - y)^2
\end{aligned}
$$

Also ist:

$$
\begin{aligned}
m &= \frac{(x + y)^2}{4} + \frac{(x - y)^2}{4} \\
&= \left(\frac{x + y}{2}\right)^2 + \left(\frac{x - y}{2}\right)^2 \\
&= a^2 + b^2
\end{aligned}
$$

Damit ist gezeigt, dass sich m ebenfalls als Summe zweier Quadratzahlen schreiben lässt. Da $x + y > x - y$, sind diese auch verschieden.

24.6   L-9.6 Zahlenhack (72313)

Wir wenden einige Teilbarkeitsregeln an.
Die Zahl $n_1 = abcde$ soll ein Vielfaches von 5 sein. Wegen $e \neq 0$, ist $e = 5$.
Da die Zahlen $n = abcdef$, $n_2 = abcd$ und $n_4 = ab$ nach Voraussetzung gerade Teiler haben, müssen ihre jeweiligen Endziffern ebenfalls gerade sein, d. h. $b, d, f \in \{2, 4, 6\}$. Damit bleiben für a und c nur die Belegungen 1 oder 3.
Wir unterscheiden zwei Fälle:
Fall 1: $a = 1$ und $c = 3$.
Da die Zahl n_3 durch 3 teilbar sein soll, muss ihre Quersumme $q = a + b + c = b + 4$ durch 3 teilbar sein. Wegen $1 \leqslant b \leqslant 6$ und $b \in \{2, 4, 6\}$. kommt dafür nur $b = 2$ infrage. Nun ist n_2 ein Vielfaches von 4, daher muss die aus den beiden Endziffern cd gebildete Zahl ebenfalls durch 4 teilbar sein. Wegen der Annahme $c = 3$ und $d = 4$ oder 6 kommt dafür nur die Belegung $d = 6$ infrage, d. h., $cd = 36$. Es bleibt für die fehlende Ziffer f nur noch der Wert 4. Die Zahl $n = 123\,654$ erfüllt die Bedingungen.
Fall 2: $a = 3$ und $c = 1$.
Auch hier beträgt die Quersumme $q = b + 4$ mit der Ziffer $b = 2$. Eine entsprechende Argumentation wie in Fall 1 führt schließlich auf die Zahl $n = 321\,654$. Daher genügen die beiden Zahlen $123\,654$ und $321\,654$ den Bedingungen der Aufgabe.

24.7   L-9.7 Querquadrat (82312)

Für die Quadratzahl von $z = 10^m - 2\,014$ gilt für $m > 6$:

$$z^2 = (10^m - 2\,014)^2 = (10^m)^2 - 2 \cdot 2\,014 \cdot 10^m + 2\,014^2$$

$$= 10^{2m} - 4\,028 \cdot 10^m + 4\,056\,196$$

$$= 10^m(10^m - 4\,028) + 4\,056\,196$$

$$= 10^m(10^m - 10^4 + 10^4 - 4\,028) + 4\,056\,196$$

$$= 10^m[10^4(10^{m-4} - 1) + (10\,000 - 4\,028)] + 4\,056\,196$$

$$= 10^m[\underbrace{999\ldots9\,990\,000}_{(m\text{-}4)\text{-mal } 9} + 5\,972] + 4\,056\,196$$

$$= 10^m \cdot 999\ldots9\,995\,972 + 4\,056\,196$$

$$= \underbrace{999\ldots9\,995\,972\,000\ldots0\,004\,056\,196}_{(m\text{-}7)\text{-mal } 0}$$

Als Quersumme erhält man für $m > 6$:
$(m-4) \cdot 9 + 5 + 9 + 7 + 2 + 4 + 5 + 6 + 1 + 9 + 6 = 9m - 36 + 54 = 9m + 18$.
Für $m = 6$ ist $z^2 = 10^6[1\,000\,000 - 4\,028] + 4\,056\,196 = 995\,972\,000\,000 + 4\,056\,196 = 995\,976\,056\,196$, also Quersumme $= 72$.
Für $m = 5$ ist $z^2 = 10^5[100\,000 - 4\,028] + 4\,056\,196 = 9\,597\,200\,000 + 4\,056\,196 = 9\,601\,256\,196$, also Quersumme $= 45$.
Für $m = 4$ ist $z^2 = 10^4[10\,000 - 4\,028] + 4\,056\,196 = 59\,720\,000 + 4\,056\,196 = 63\,776\,196$, also Quersumme $= 45$.

24.8   L-9.8 11 und 13 (82321)

Die Tabelle in Abb. 24.1 enthält alle Zahlen bis 167, die sich als Summe $11m + 13n$ darstellen lassen.
$143 = 11 \cdot 13$ hat diese Eigenschaft nicht, dafür aber die elf aufeinanderfolgenden Zahlen 144 bis 154. Damit haben alle größeren Zahlen als 143 diese Eigenschaft, man erhält sie durch Addition von Vielfachen von 11.
Also haben $2\,015 - 143 + [(1 + 2 + 3 + \ldots + 10) + 5] = 1\,872 + 55 + 5 = 1\,932$ Zahlen diese Eigenschaft.

$m \backslash n$	1	2	3	4	5	6	7	8	9	10	11	12
1	24	37	50	63	76	89	102	115	128	141	**154**	167
2	35	48	61	74	87	100	113	126	139	**152**	165	
3	46	59	72	85	98	111	124	137	**150**	163		
4	57	70	83	96	109	122	135	**148**	161			
5	68	81	94	107	120	133	**146**	159				
6	79	92	105	118	131	**144**	157					
7	90	103	116	129	142	155						
8	101	114	127	140	**153**							
9	112	125	138	**151**								
10	123	136	**149**									
11	134	**147**										
12	**145**											

Abb. 24.1 11 und 13

24.9   L-9.9 Folgsame Zahlen mit Unterschied (82323)

Eine folgsame Zahl hat die Form $m \cdot (m + 1)$ mit $m \in \mathbb{N}$.
Damit soll gelten: $n(n + 2\,015) = m(m + 1)$, mit $n \in \mathbb{N}$.
Offensichtlich müssen die Zahlen m und $m + 1$ zwischen n und $n + 2\,015$ liegen.
Somit kann man m und $m + 1$ schreiben:
$m = n + k$ und $m + 1 = n + k + 1$ mit $k \in \mathbb{N}$.
Als Bedingungsgleichung erhält man damit:
$n(n + 2\,015) = (n + k)(n + k + 1)$
Dies gilt genau dann, wenn $n^2 + 2\,015n = n^2 + nk + n + kn + k^2 + k$

$$\Leftrightarrow 2\,015n = 2kn + n + k^2 + k$$

$$\Leftrightarrow 2\,014n - 2kn = k^2 + k$$

$$\Leftrightarrow n(2\,014 - 2k) = k^2 + k$$

$$\Leftrightarrow n = \frac{k^2 + k}{2\,014 - 2k} = \frac{1}{2} \cdot \frac{k(k + 1)}{1\,007 - k}$$

Der größtmögliche Wert für k ist $k = 1\,006$.
Mit $k = 1\,006$ erhält man $n = \frac{1}{2} \cdot 1\,006 \cdot 1\,007 = 503 \cdot 1\,007 = 506\,521$ und damit
als größte folgsame Zahl mit der geforderten Eigenschaft:
$(506\,521 + 1\,006)(506\,521 + 1\,007) = 507\,527 \cdot 507\,528 = 257\,584\,163\,256$

24.10 L-9.10 . . . durch 13 teilbar (82421)

Die Zahl n hat die Darstellung $n = 100u + v$ mit $u, v, n \in \mathbb{N}$.

a) Nun ist aber $9u + v = (100u + v) - 91u$.
   ($\Rightarrow$) Nach Voraussetzung ist $100u + v$ und $91u = 13 \cdot 7u$ durch 13 teilbar.
   Also ist auch $9u + v$ durch 13 teilbar.
   ($\Leftarrow$) Nach Voraussetzung ist $9u + v$ durch 13 teilbar.
   Da $100u + v = (9u + v) + 91u$ und $91u$ durch 13 teilbar ist, ist auch $100u + v$
   durch 13 teilbar.
b) Es gilt $4u - v = 104u - (100u + v)$.
   ($\Rightarrow$) Nach Voraussetzung ist $100u + v$ durch 13 teilbar.
   $104u = 13 \cdot 8u$ ist ebenfalls durch 13 teilbar.
   Also ist auch $4u - v$ durch 13 teilbar.
   ($\Leftarrow$) Nach Voraussetzung ist $4u - v$ durch 13 teilbar.
   Da $100u + v = 104u - (4u - v)$ und $104u$ durch 13 teilbar ist, ist auch $100u + v$
   durch 13 teilbar.

24.11 L-9.11 Flippige Zahlen (72512)

a) Die größte Quersumme einer zweistelligen flippigen Zahl ist $8 + 9 = 17$. Also
   muss sie mindestens dreistellig sein. Da sich die Nachbarziffern um 1 unterscheiden, haben alle flippigen Zahlen von 101 bis 798 eine Quersumme kleiner
   als 25. Für die nächsten flippigen Zahlen 878 und 898 erhält man die Quersum-
   men 23 und 25. Damit ist 898 die kleinste flippige Zahl mit der Quersumme
   25. Die größte flippige Zahl mit der Quersumme 25 ist die Zahl mit der größten
   Stellenzahl (50 Stellen):
   10 101 010 101 010 101 010 101 010 101 010 101 010 101 010 101 010.
b) Eine natürliche Zahl ist umso kleiner, je weniger Stellen sie hat. Deshalb sind
   die Ziffern möglichst groß zu wählen:
   $8 + 9 = 17$. $2016 : 17 = 118$ Rest $10 = 117$ Rest 27.
   Wegen $2 + 3 + 4 + 5 + 6 + 7 = 27$ ist $2\,345\,678\,989 \ldots 89$ (240 Stellen mit 117
   Paaren 89) die kleinste flippige Zahl.

24.12 L-9.12 Plus + minus + mal + durch (72521)

Die beiden Zahlen seien a und b mit $a \geq b$. Da der Summenwert S eine natürliche
Zahl ist, muss a ein Vielfaches von b sein, $a = kb$ mit $k \in \mathbb{N}$, damit der Quotient
ebenfalls eine natürliche Zahl ergibt.

Damit folgt aus der Bedingung $441 = (a + b) + (a - b) + ab + \frac{a}{b}$ unmittelbar:

$$441 = (kb + b) + (kb - b) + kb^2 + k$$
$$= kb^2 + 2kb + k$$
$$= k(b^2 + 2b + 1)$$
$$= k(b + 1)^2 = 441 = 21^2$$

Die Primfaktorzerlegung von 441 ist $3^2 \cdot 7^2$.
Dann gibt es für k, b und a nur die folgenden Möglichkeiten:
$k = 1, b = 20, a = 20 \rightarrow S = (20 + 20) + (20 - 20) + 20 \cdot 20 + 20 : 20 = 441$
$k = 3^2 = 9, b = 6, a = 54 \rightarrow S = (54 + 6) + (54 - 6) + 54 \cdot 6 + 54 : 6 = 441$
$k = 7^2 = 49, b = 2, a = 98 \rightarrow S = (98 + 2) + (98 - 2) + 98 \cdot 2 + 98 : 2 = 441$
$k = 3^2 \cdot 7^2 = 441, b = 0$ (nicht positiv) $\rightarrow$ keine weitere Lösung.

24.13   L-9.13 n, k ... ungelöst (72522)

Wir nehmen an, die beiden Aussagen (3) und (4) treffen zu. Dann gibt es eine positive ganze Zahl m, sodass $n + k = 3m$. Es gilt nach Aussage (3) $n + 7k = (n + k) + 6k = 3m + 6k = 3(m + 2k)$. Dann kann $n + 7k$ keine Primzahl sein, d. h., Aussage (3) oder (4) ist falsch.
Wir nehmen jetzt an, dass die beiden Aussagen (2) und (3) zugleich wahr sind. Dann muss es wieder eine positive ganzzahlige Zahl m geben mit $n + k = 3m$. Aus Aussage (2) erhalten wir $3m = n + k = (2k + 5) + k = 3k + 5$. Nun sind $3m$ und $3k$ durch 3 teilbar, aber nicht die Zahl 5. Daher muss Aussage (2) oder (3) falsch sein.
Da es jedoch nach Voraussetzung genau eine falsche Aussage gibt, ist dies Aussage (3). Somit müssen die Aussagen (1) und (2) wahr sein. Daraus können wir ableiten, dass die Zahl k sowohl $n + 1$ als auch $(2k + 5) + 1 = 2k + 6$ teilt. Also muss k ein Teiler von 6 sein. Damit müssen nur die Möglichkeiten $k = 1, 2, 3$ und 6 untersucht werden.
Die entsprechenden Werte für n sind $n = 7, 9, 11$ und 17.
Da aber nach Aussage (4) die Zahl $n + 7k$ eine Primzahl sein soll, kommen letztlich nur die Paare $(9, 2)$ und $(17, 6)$ infrage, denn $n + 7k = 9 + 14 = 23$ und $n + 2k = 17 + 42 = 59$. Dies sind alle gesuchten Lösungen.

24.14   L-9.14 Kleinste Summe von Primzahlen (72523)

Da nur Primzahlen betrachtet werden, können die Ziffern 4, 6 und 8 nicht als Einerziffern vorkommen. Die gesuchte Summe muss also mindestens sein:

$$40 + 60 + 80 + 1 + 2 + 3 + 5 + 7 + 9 = 207$$

Da 9, 49 und 69 keine Primzahlen sind, muss unter den Primzahlen die 89 sein.
Die Zahl 1 ist keine Primzahl, also muss die 1 als Einerstelle bei 4 oder 6 verwendet
werden. Dieser Summenwert kann mit folgenden Primzahlen erreicht werden:

(1)   41, 67, 89, 2, 3 und 5 wegen $2 + 3 + 5 + 41 + 67 + 89 = 207$
(2)   43, 61, 89, 2, 5 und 7 wegen $2 + 5 + 7 + 43 + 61 + 89 = 207$
(3)   47, 61, 89, 2, 3 und 5 wegen $2 + 3 + 5 + 47 + 61 + 89 = 207$

Dabei ist in allen Fällen jede der sechs Zahlen eine Primzahl und jede der Ziffern
$1, 2, 3, \ldots, 9$ wird genau einmal verwendet.

24.15   L-9.15 Einer weg und doppelt dazu (82512)

Es seien x, e und k natürliche Zahlen. Dabei ist e die Einerziffer der ursprünglichen
Zahl x. Wenn zwei aufeinanderfolgende Zahlen der Folge gleich sind, gilt:
$10x + e = x + 2e \Leftrightarrow 9x = 1e$.
Da e eine Ziffer ist, muss $e = 9$ und $x = 1$ sein, d. h., erreicht man die Zahl 19,
bleibt die Zahlenfolge stecken. Ist die Startzahl ein Vielfaches von 19, sind alle
Folgezahlen durch 19 teilbar.
Denn ist $n = 19k$, dann ist auch $(19k - e) : 10 + 2e = (19k + 19e) : 10$ eine
natürliche Zahl, die durch 19 teilbar ist (z. B. $47\,728 = 2\,512 \cdot 19$).
Die Folgezahl ist $4\,772 + 16 = 4\,788 = 252 \cdot 19$.
Durch das Streichen der Einerziffer und Addieren von maximal 18 werden alle
Zahlen, die größer als 19 sind, kleiner, d. h., alle Zahlen, die durch 19 teilbar sind,
enden bei 19, und alle Zahlen, die nicht durch 19 teilbar sind, geraten, wenn sie
kleiner als 19 werden, in eine Dauerschleife aus 18 Zahlen:
$2 - 4 - 16 - 13 - 7 - 14 - 18 - 17 - 15 - 11 - 3 - 6 - 12 - 5 - 10 - 1$.

Kapitel 25
Winkel und Seiten

Inhaltsverzeichnis

25.1   L-10.1 Neuneck (72112)

Da das Neuneck regulär ist, kann man es einem Kreis einbeschreiben (Abb. 25.1).
Die Innenwinkelsumme eines Neunecks beträgt $(9-2) \cdot 180° = 1\,260°$. Somit
haben alle Innenwinkel des Neunecks die Weite $1\,260° : 9 = 140°$.
Wir wählen eine weitere Ecke des Neunecks. Diese nennen wir Q. Die Diagonalen
$\overline{PQ}$ und $\overline{CB}$ schneiden sich im Punkt R außerhalb des Vielecks.
Jetzt betrachten wir das Fünfeck $PQBAC$.
Die Innenwinkelsumme in diesem Fünfeck beträgt $(5-2) \cdot 180° = 540°$. Aus
Symmetriegründen sind die Winkel $\sphericalangle PCR$ und $\sphericalangle RPC$ gleich groß, und es gilt:
$|\sphericalangle PCR| = |\sphericalangle RPC| = (540° - 3 \cdot 140°) : 2 = 60°$. Damit ist das Dreieck
PRC gleichseitig. Wegen $|\sphericalangle RQB| = |\sphericalangle QBR| = 180° - 120° = 60°$ folgt, dass
die beiden Strecken $\overline{BQ}$ und $\overline{PC}$ parallel sind. Daher ist auch das Dreieck QRB
gleichseitig. Wegen der Regularität des Neunecks und der obigen Bedingung, dass
das Dreieck QRB gleichseitig ist, gilt nun:
$|AB| = |BQ| = |BR|$ und damit $|RC| = |RP|$.
Damit erhalten wir: $|AB| + |BC| = |BR| + |BC| = |PC|$.

Abb. 25.1 Neuneck

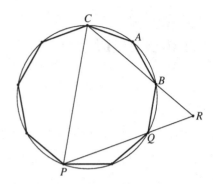

25.2 L-10.2 Winkelhalbierende? (72122)

Wir betrachten Abb. 25.2.

a) Es sei N der Schnittpunkt der Strecken $\overline{PC}$ und $\overline{MD}$.
    Wegen $|\sphericalangle MAN| = |\sphericalangle DCA| = \alpha$ ist $DC \parallel MB$. Da C auf dem Thaleskreis
    über $\overline{AB}$ liegt, ist $|\sphericalangle ACB| = 90°$. Im Dreieck ABC ist also $\alpha + \beta = 90°$. Im
    Dreieck AMN ist $\alpha + \mu = 90°$, also folgt $\beta = \mu$, d. h. $DM \parallel BC$. Damit
    ist das Viereck $MBCD$ ein Parallelogramm mit $|BC| = |DM| = |MC| = |MB|$. Somit ist das Dreieck MBC gleichseitig mit $\beta = 60°$.
    Mit $\alpha + \beta = 90°$ folgt daher $\alpha = 30°$.

b) BD ist die Winkelhalbierende von β.
    Begründung 1: Wegen $|BC| = |DM| = |MB|$ und $|MB| = |DC|$ ist das
    Viereck $MBCD$ eine Raute. Die Strecke $\overline{BD}$ ist daher eine Diagonale und
    gleichzeitig auch Winkelhalbierende.
    Begründung 2: Da $|DM| = |MB|$ gilt, ist das Dreieck MBD gleichschenklig
    mit der Spitze M, und deshalb gilt für die Basiswinkel $\epsilon_1 = \beta_1$.
    Der Winkel μ ist Außenwinkel im Dreieck MBD, und deshalb ist $\mu = \epsilon_1 + \beta_1 = 2\beta_1$. Aus $\beta = \mu = 2\beta_1$ folgt $\beta_1 = \frac{\beta}{2}$.
    Also ist BD die Winkelhalbierende von β.

Abb. 25.2 Winkel-
halbierende?

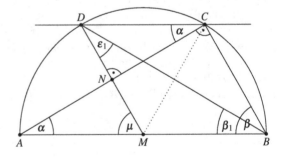

25.3 L-10.3 Mathe-Billard (82122)

Wir betrachten Abb. 25.3.

Da die Kugel bei G wieder nach F reflektiert wird, ist $|\sphericalangle FGS| = |\sphericalangle EGF| = 90°$.

Im Dreieck SGF ist $|\sphericalangle SFG| + 90° + 13° = 180°$, also ist $|\sphericalangle SFG| = 77°$. Da die Kugel in F reflektiert wird, ist $|\sphericalangle EFD| = |\sphericalangle SFG| = 77°$.

Im Dreieck SEF ist $|\sphericalangle FEG| + 13° = |\sphericalangle EFD| = 77°$ (Außenwinkel), also $|\sphericalangle FEG| = 64°$, und deshalb auch $|\sphericalangle CED| = 64°$.

Im Dreieck SED ist $|\sphericalangle SDE| + 13° = |\sphericalangle CED| = 64°$, also $|\sphericalangle FDE| = 51°$ und damit $|\sphericalangle CDE| = 51°$.

Im Dreieck SCD ist $|\sphericalangle DCS| + 13° = |\sphericalangle CDE| = 51°$, also $|\sphericalangle DCE| = 38°$ und damit $|\sphericalangle TCB| = 38°$.

Im Dreieck SCB ist $|\sphericalangle SBC| + 13° = |\sphericalangle TCB| = 38°$, also $|\sphericalangle SBC| = 25°$ und damit $\beta = 25°$.

Im Dreieck STB ist $\alpha + 13° = \beta = 25°$, also ist $\alpha = |\sphericalangle ATC| = 12°$.

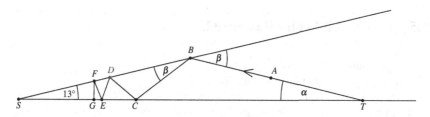

Abb. 25.3 Mathe-Billard

25.4 L-10.4 Verwinkelt (72211)

Wir ergänzen die Zeichnung der Aufgabenstellung noch durch die Radien $\overline{OA}$ und $\overline{OD}$, verbinden B mit C und bezeichnen die Winkel der vier gleichschenkligen Dreiecke (es gilt: $|OA| = |OB| = |OC| = |OD|$) geeignet (Abb. 25.4).

Im Dreieck OBC gilt deshalb $2\epsilon + 50° = 180°$, also $\epsilon = 65°$.

Da im Dreieck OCD nach Voraussetzung auch $|CO| = |CD|$ gilt, ist das Dreieck OCD sogar gleichseitig, also folgt $\omega = 60°$.

Im Viereck $ABCD$ gilt nach dem Satz über die Winkelsumme:
$|\sphericalangle CBA| + |\sphericalangle DCB| + |\sphericalangle ADC| + |\sphericalangle BAD| = 360°$.

Dies liefert nun der Reihe nach:
$(\alpha + \epsilon) + (\epsilon + \omega) + (\omega + \beta) + (\beta + \alpha) = 360°$,

d. h. $2\alpha + 2\omega + 2\epsilon + 2\beta = 360°$, also $\alpha + \omega + \epsilon + \beta = 180°$.

Mit $\epsilon = 65°$ und $\omega = 60°$ folgt $\alpha + 60° + 65° + \beta = 180°$, also $\alpha + \beta = 55°$.

Nun ist aber $|\sphericalangle BAD| = \alpha + \beta$ und daher $|\sphericalangle BAD| = 55°$.

Abb. 25.4 Verwinkelt

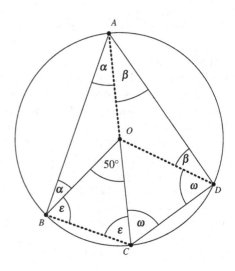

25.5   L-10.5 Winkel im Raster (82223)

Alle Bezeichnungen entnehmen wir Abb. 25.5.

Weiter ist $\alpha = |\sphericalangle ACH|$ und $\beta = |\sphericalangle CBF|$.

Es sei $\overline{AB}$ die Diagonale im 4×2-Rechteck $ADBG$ und $\overline{BC}$ die Diagonale im 2×4-Rechteck $HBEC$. Da beide Rechtecke kongruent sind, gilt $|AB| = |BC|$, d. h., das Dreieck ABC ist gleichschenklig mit der Basis $\overline{AC}$.

Somit gilt:

(1) $|\sphericalangle BCA| = |\sphericalangle CAB|$ und

(2) $|\sphericalangle EBC| = |\sphericalangle BCH|$ (Wechselwinkel an geschnittenen Parallelen).

   Außerdem sind die Winkel $\sphericalangle DBA$ und $\sphericalangle ECB$ gleich groß, da sie entsprechende Winkel der kongruenten Dreiecken ADB und BEC sind. Auf ähnliche Weise sind die Winkel $\sphericalangle CBE$ und $\sphericalangle DAB$ ebenfalls gleich groß. Zudem gilt $|\sphericalangle DAB| = |\sphericalangle ABG|$ (Wechselwinkel an geschnittenen Parallelen), d. h. $|\sphericalangle CBE| = |\sphericalangle GBA|$. Schließlich gilt $|\sphericalangle FBG| = 45°$, weil $\overline{FB}$ Diagonale im Quadrat $GBEF$ ist.

   Daraus folgt $\beta + |\sphericalangle CBE| = 45°$, da $|\sphericalangle GBE| = 90°$. Nun gilt:

$$180° = |\sphericalangle DBA| + |\sphericalangle GBA| + |\sphericalangle FBG| + \beta + |\sphericalangle CBE|$$
$$135° = |\sphericalangle DBA| + |\sphericalangle GBA| + \beta + |\sphericalangle CBE|$$
$$135° = |\sphericalangle DBA| + |\sphericalangle GBA| + \beta + |\sphericalangle GBA|$$
$$\text{und wegen } |\sphericalangle DBA| + |\sphericalangle GBA| = 90°$$
$$45° = \beta + |\sphericalangle GBA|$$

Daraus folgt

(3) $|\sphericalangle ABC| = |\sphericalangle GBA| + |\sphericalangle FBG| + \beta = 90°$

Somit ist wegen (1) und (3) das Dreieck ABC ein gleichschenklig-rechtwinkliges Dreieck. Damit ist $|\sphericalangle BCA| = |\sphericalangle CAB| = 45°$, d. h. $\alpha + |\sphericalangle BCH| = 45°$. Da $\beta + |\sphericalangle CBE| = 45°$ und $|\sphericalangle EBC| = |\sphericalangle BCH|$, siehe (3), folgt $\beta = \alpha$.

Abb. 25.5 Winkel im Raster

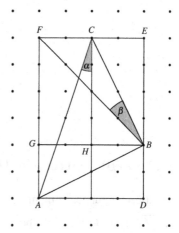

25.6 L-10.6 Dreieck im Achteck (82411)

Alle Bezeichnungen entnehmen wir Abb. 25.6.
Aus Symmetriegründen gilt:

(1) Alle Innenwinkel des Achtecks sind gleich groß.
(2) $\overline{CD} \| \overline{BE}$, $\overline{BE}$ steht senkrecht auf $\overline{AB}$ und $\overline{EF}$.
(3) $\overline{CG}$ ist Symmetrieachse und halbiert den $\sphericalangle DCB$.

Im Achteck beträgt die Winkelsumme $(8 - 2) \cdot 180° = 1\,080°$.
Wegen (1) ist die Weite des Innenwinkels $|\sphericalangle CBA| = 1\,080° : 8 = 135°$.
Wegen (2) gilt dann: $|\sphericalangle CBS| = |\sphericalangle CBA| - 90° = 135° - 90° = 45°$.
Wegen (3) ist $|\sphericalangle SCB| = |\sphericalangle DCB| : 2 = 135° : 2 = 67{,}5°$.
Wegen $|\sphericalangle CBS| + |\sphericalangle BSC| = 180° + |\sphericalangle SBC|$ ist
$|\sphericalangle BSC| = 180° - (45° + 67{,}5°) = 180° - 112{,}5° = 67{,}5°$.
Also ist das Dreieck CSB gleichschenklig mit der Spitze B.

Abb. 25.6 Dreieck
im Achteck

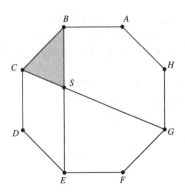

25.7 L-10.7 Vireck im Halbkreis (82521)

Alle Bezeichnungen entnehmen wir Abb. 25.7.

a) $\overline{MN}$ ist Lot im gleichschenkligen Dreieck AMC.
  $\overline{MN}$ ist daher auch Mittelsenkrechte zu $\overline{AC}$. Also ist $|AN| = |NC|$.
  $\triangle\,AND \cong \triangle\,NCD$ nach SWS ($|DN| = |DN|$, gemeinsamer rechter Winkel,
  $|AN| = |NC|$) $\Rightarrow |AD| = |CD|$.

b) Dreieck AMN ist rechtwinklig $\Rightarrow \varepsilon = 90° - \alpha = \beta$ (da Dreieck ABC ebenfalls
  rechtwinklig ist).
  Dreieck DMB ist gleichschenklig $\Rightarrow \zeta = \beta_1$.
  Nach dem Außenwinkelsatz gilt $\varepsilon = \beta_1 + \zeta = 2\beta_1 = \beta$.
  Also ist $\overline{DB}$ die Winkelhalbierende von $\sphericalangle CBA$.

c) Dreieck AMD ist gleichschenklig.
  $\Rightarrow |\sphericalangle BAD| = \frac{1}{2}(180° - \varepsilon) = \frac{1}{2}(180° - (90° - \alpha)) = 45° + \frac{\alpha}{2}$.
  $|\sphericalangle CBA| = 90° - \alpha$.
  $|\sphericalangle ADC| = 2 \cdot \frac{1}{2}(180° - \varepsilon) = 180° - \varepsilon = 90° + \alpha$.
  $|\sphericalangle DCB| = (|\sphericalangle BAD| - \alpha) + 90° = 135° - \frac{\alpha}{2}$.

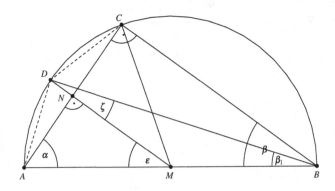

Abb. 25.7 Vireck im Halbkreis

Kapitel 26
Flächenbetrachtungen

Inhaltsverzeichnis

26.1 L-11.1 Schöne Rechtecke (72111)

Seien n und m die Maßzahlen der beiden Seiten. Dann gilt für Umfang u und Flächeninhalt A: $u = 2(n + m)$ und $A = n \cdot m$.

Beide Werte sollen gleich groß sein: $2n + 2m = n \cdot m$. Wir lösen nach n auf:

$$2m = n \cdot m - 2n$$
$$2m = n(m - 2)$$
$$n = \frac{2m}{m-2} = \frac{2(m-2)+4}{m-2}$$
$$= 2 + \frac{4}{m-2}$$

Damit n ganzzahlig ist, muss $m - 2$ ein Teiler von 4 sein, also $m - 2 = 1$ oder $m - 2 = 2$ oder $m - 2 = 4$. Dies liefert die Lösungen $m = 3$, $m = 4$ und $m = 6$. Für n erhält man dann jeweils: $n = 6$, $n = 4$ und $n = 3$. Da die beiden Fälle $m = 3$, $n = 6$ und $m = 6$ und $n = 3$ kongruente Rechtecke liefern, gibt es genau zwei schöne Rechtecke:

Ein 3×6-Rechteck und ein 4×4-Quadrat.

© Springer-Verlag GmbH Deutschland, ein Teil von Springer Nature 2018
P. Jainta et al., *Mathe ist noch mehr*, https://doi.org/10.1007/978-3-662-56651-0_26

26.2   L-11.2 FRED, das Rechteck (82113)

Wir verwenden die Bezeichnungen aus Abb. 26.1.
Mit A bezeichnen wir den Flächeninhalt. Dann gilt:
$A_1 = A(\triangle PFD)$, $A_2 = A(\triangle PFR)$, $A_3 = A(\triangle PED)$ und $A = A(FRED)$. Es
gilt $A(FRED) = a \cdot b$ sowie $A_1 : A_2 : A_3 = 1 : 2 : 3$.
Daraus folgt:
$A_2 : A_3 = (\frac{1}{2} \cdot h_2 \cdot a) : (\frac{1}{2} \cdot h_3 \cdot a) = h_2 : h_3 = 2 : 3 \Rightarrow h_2 = \frac{2}{3} h_3$
$\Rightarrow h_2 + h_3 = \frac{5}{3} \cdot h_3 = b . \Rightarrow h_3 = \frac{3}{5} \cdot b \Rightarrow h_2 = \frac{2}{3} \cdot \frac{3}{5} \cdot b = \frac{2}{5} b$
$A_1 : A_2 = (\frac{1}{2} \cdot h_1 \cdot b) : (\frac{1}{2} \cdot h_2 \cdot a) = (h_1 \cdot b) : (h_2 \cdot a) = 1 : 2$
$\Rightarrow h_1 = \frac{1}{2} \cdot \frac{\frac{2}{5} ba}{b} = \frac{\frac{2}{5} ba}{2b} = \frac{1}{5} a \Rightarrow h_4 = a - h_1 = \frac{4}{5} a$
$\Rightarrow A_{\triangle PRE} = \frac{1}{2} \cdot h_4 \cdot b = \frac{1}{2} \cdot \frac{4}{5} \cdot ab = \frac{2}{5} \cdot A$
Der Anteil des Dreiecks $\triangle PRE$ an der Rechtecksfläche beträgt also $\frac{2}{5}$.

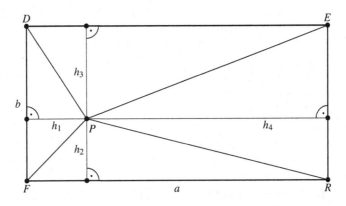

Abb. 26.1 FRED, das Rechteck

26.3   L-11.3 Trapezkunst (72213)

Alle Bezeichnungen entnehmen wir Abb. 26.2.
Das Trapez $ABCD$ ist gleichschenklig, $\overline{AC}$ und $\overline{BD}$ bezeichnen die Diagonalen,
$\overline{ND}$ und $\overline{MC}$ die Höhen des Trapezes $ABCD$.
Es ist zu zeigen: $A_F = A_1 + A_2 + A_3$.
Zunächst ergänzt man das Viereck $AMCD$ zum Rechteck $AMCE$.
Aus Symmetriegründen gilt für den Flächeninhalt des Dreiecks ADE:
$A(ADE) = A(AND) = A(MBC) = A_3 + R_2$
Weiterhin gilt, ebenfalls aus Symmetriegründen: $S_1 = S_2$ bzw. $R_1 = R_2$.
Da $\overline{AC}$ die Diagonale des Rechtecks $AMCE$ ist, gilt:
$R_1 + A_F + S_2 = A_1 + S_1 + A_2 + A_3 + R_2$, d. h.,
wegen $S_1 = S_2$ und $R_1 = R_2$ folgt $A_F = A_1 + A_2 + A_3$.

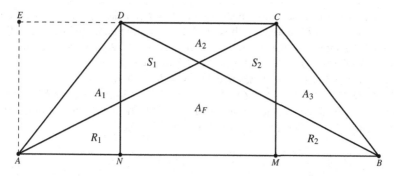

Abb. 26.2 Trapezkunst

26.4   L-11.4 Dreieck im Quadrat (82211)

Das Dreieck AEF wird zum Quadrat $AEGF$ ergänzt (Abb. 26.3).
Aus Symmetriegründen muss G auf der Diagonale $\overline{AC}$ liegen. Wegen der beiden
45°-Winkel sind $\overline{FH}, \overline{GC}$ und $\overline{EJ}$ parallel. $\overline{FG} \parallel \overline{HC}$, also ist $FGCH$ ein Parallelogramm. $\overline{EG} \parallel \overline{JC}$, also ist $EJCG$ ein Parallelogramm.
Da die Diagonalen $\overline{FC}$ und $\overline{CE}$ die Flächen der beiden Parallelogramme halbieren,
gilt: Flächeninhalt $A(FHC) = A(FGC)$ und $A(EJC) = A(EGC)$. Da außer-
dem $A(AEF) = A(EGF)$, ist der Flächeninhalt der drei dunkelgrauen Dreiecke
zusammen so groß wie der des gleichseitigen Dreiecks FEC.

Abb. 26.3 Dreieck im
Quadrat

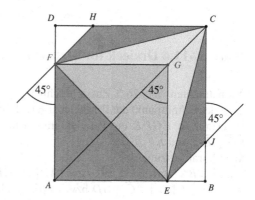

26.5   L-11.5 Riesensechseck (72312)

Da das Sechseck $ABCDEF$ regelmäßig ist, sind die Dreiecke MAB, MBC,
MCD, MDE, MEF und MFA untereinander kongruent.
Wegen der Symmetrie der Konstruktion sind auch die Dreiecke $AA'B$ und ABM,
$BB'C$ und MBC, $CC'D$ und MCD, $DD'E$ und MDE, $EE'F$ und EFM sowie
$FF'A$ und FAM jeweils zueinander kongruent (Abb. 26.4).

Daraus folgt die Kongruenz aller bisher genannten Dreiecke. Deshalb ist B Mittelpunkt der Strecke $\overline{A'C}$, und deshalb ist $\overline{B'B}$ Seitenhalbierende im Dreieck $A'B'C$. Somit sind die Dreiecke $BA'B'$ und $AA'B$ flächengleich. Analog gilt dies auch für die Dreiecke $CB'C'$, $DC'D'$, $ED'E'$, $FE'F'$ und $AF'A'$.

Also gilt für den Flächeninhalt des Sechsecks $A'B'C'D'E'F'$:

$A(A'B'C'D'E'F') = (6 + 6 + 6) \cdot \frac{1}{6}FE = 3 \cdot FE = 3 \cdot A(ABCDEF)$

Damit verdreifacht sich bei jeder Spiegelung der Flächeninhalt. Somit erhält man als Flächeninhalt A_{23} des am Ende vorliegenden Sechsecks:

$$A_{23} = 3^{23}FE = 3^{16} \cdot 3^7 FE = 43\,046\,721 \cdot 2\,187\,FE$$
$$= (86\,093\,442\,000 + 4\,304\,672\,100 + 3\,443\,737\,680 + 301\,327\,047)\,FE$$
$$= 94\,143\,178\,827\,FE$$

Abb. 26.4 Riesensechseck

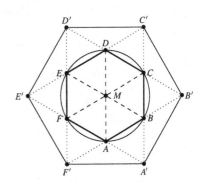

26.6   L-11.6 Dreieck im Sechseck (82313)

Wir betrachten Abb. 26.5. Zuerst zeichnen wir den Punkt G ein.

Er ist der Schnittpunkt der Parallele zu $\overline{ED}$ durch F und der Parallele zu $\overline{BC}$ durch D. Damit ist $FGDE$ ein Parallelogramm mit $|FG| = |ED|$, $|FE| = |GD|$, $\overline{FG} \parallel \overline{ED}$ und $\overline{EF} \parallel \overline{DG}$.

Nach Voraussetzung ist

$|FE| = |BC|$ und $\overline{EF} \parallel \overline{BC}$ bzw. $|AB| = |ED|$ und $\overline{AB} \parallel \overline{ED}$, also gilt

$|BC| = |GD|$ und $\overline{BC} \parallel \overline{GD}$ bzw. $|AB| = |FG|$ und $\overline{AB} \parallel \overline{FG}$.

Deshalb sind $ABGF$ und $BCDG$ ebenfalls Parallelogramme, deren Diagonalen ihre Flächen halbieren.

Also beträgt der Anteil der grauen Dreiecksfläche an der Sechseckfläche 50 %.

Abb. 26.5 Dreieck im
Sechseck

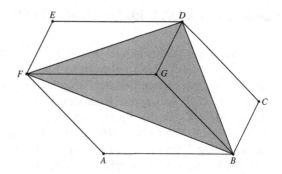

26.7 L-11.7 Dreieck dreigeteilt (72322)

Wir verwenden die Bezeichnungen aus Abb. 26.6.

Sei F der Mittelpunkt von $\overline{AB}$ und A_1 und A_2 jeweils der Flächeninhalt der Dreiecke ADC und EAD.

Dann gilt: $\overline{CF} \perp \overline{AB}$, $|AB| = 2 \cdot |AF|$.

Da das Dreieck ABC gleichseitig ist, ist $|AB| = |BC| = |AC|$ und $\alpha = \beta = \gamma = 60°$.

Aus $\mu + \gamma = 90°$ und $\beta + \varepsilon + 90° = 180°$ folgt
$\mu = 90° - 60° = 30°$ und $\varepsilon = 180° - 90° - 60° = 30°$.

Also ist das Dreieck EAC gleichschenklig, und es folgt
$|EA| = |AC| = |AB| = 2 \cdot |AF|$. Da $|EA| = |AB|$, haben die Dreiecke EAC und ABC wegen der gemeinsamen Höhe $\overline{CF}$ den gleichen Flächeninhalt, und damit gilt: $A_1 + A_2 = 1$.

Wegen $|EA| = 2 \cdot |AF|$ verhalten sich die Flächeninhalte der Dreiecke DAC und EAD mit der gemeinsamen Grundlinie $\overline{AD}$ und den Höhen $\overline{AF}$ und $\overline{EA}$ wie 1 : 2, d. h.

$A_2 = 2A_1$ bzw. $A_1 + A_2 = 3A_1 = 1$. Also ist $A_1 = \frac{1}{3}$ und $A_2 = \frac{2}{3}$.

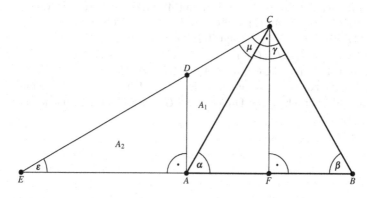

Abb. 26.6 Dreieck dreigeteilt

26.8   L-11.8 OXY im Quadrat (82322)

Wir wählen ein rechtwinkliges Koordinatensystem mit O als Ursprung. Die x-Achse enthält dabei alle Grundseiten der Einheitsquadrate. Die y-Achse wird durch die linke Seite des ersten Quadrats festgelegt. In diesem Koordinatensystem haben die Punkte O, P und Q die Koordinaten $O(0; 0)$, $P(2014; 1)$ und $Q(2015; 1)$. Die Gerade OP hat die Steigung $m_{OP} = 1/2014$ und deshalb die Gleichung $2014 \cdot y = x$. Die Gerade OQ hat die Steigung $m_{OQ} = 1/2015$ und deshalb die Gleichung $2015 \cdot y = x$. Der Punkt X auf OQ hat demnach die Koordinaten $X(1; 1/2015)$ und Y entsprechend $Y(1; 1/2014)$.

Der Inhalt A der Fläche des Dreiecks OXY ist damit:

$$A = \tfrac{1}{2}(y_Y - y_X) \cdot 1 = \tfrac{1}{2}(\tfrac{1}{2014} - \tfrac{1}{2015}) = \tfrac{1}{2} \cdot \tfrac{2015 - 2014}{2014 \cdot 2015} = \tfrac{1}{8\,116\,420}$$

26.9   L-11.9 Dreieck im Dreieck (72412)

Die Bezeichnungen entnehmen wir Abb. 26.7.

Wir verbinden die Punkte A und E, B und E, B und F, C und F, C und G sowie A und G miteinander. Wie in der Aufgabenstellung gefordert, ist E der Mittelpunkt der Strecke $\overline{AF}$, F der Mittelpunkt der Strecke $\overline{BG}$ und G der Mittelpunkt der Strecke $\overline{CE}$. Weiterhin sei $\overline{GH}$ die Höhe auf $\overline{EF}$ im Dreieck EFG.

Es wird nun gezeigt, dass die sieben Dreiecke EFG, ABE, EBF, BCF, FCG, AGC und AEG, die das Dreieck ABC vollständig und ohne Überlappungen abdecken, flächengleich sind.

Mit $A(\triangle XYZ)$ bezeichnen wir den Flächeninhalt von Dreieck XYZ.

$\overline{BE}$ ist Seitenhalbierende im Dreieck ABF, also gilt $A(\triangle ABE) = A(\triangle EBF)$.

$\overline{CF}$ ist Seitenhalbierende im Dreieck BCG, also gilt $A(\triangle BCF) = A(\triangle FCG)$.

$\overline{AG}$ ist Seitenhalbierende im Dreieck CAE, also gilt $A(\triangle AGC) = A(\triangle AEG)$.

Es gilt $A(\triangle EFG) = \tfrac{1}{2}|EF| \cdot |GH|$ und $A(\triangle AEG) = \tfrac{1}{2}|AE| \cdot |GH|$.

Da $|EF| = |AE|$, folgt $A(\triangle EFG) = A(\triangle AEG)$.

Analog gilt: $A(\triangle EFG) = A(\triangle EBF)$ und $A(\triangle EFG) = A(\triangle FCG)$.

$\Rightarrow A(\triangle EFG) = A(\triangle AEG) = A(\triangle EBF) = A(\triangle FCG)$

Da $A(\triangle ABE) = A(\triangle EBF)$, folgt $A(\triangle ABE) = A(\triangle EFG)$.

Da $A(\triangle BCF) = A(\triangle FCG)$, folgt $A(\triangle BCF) = A(\triangle EFG)$.

Da $A(\triangle AGC) = A(\triangle AEG)$, folgt $A(\triangle AGC) = A(\triangle EFG)$.

Somit haben die betrachteten sieben Dreiecke alle den gleichen Flächeninhalt. Also beträgt der Flächeninhalt des Dreiecks EFG ein Siebtel des Flächeninhalts des Dreiecks ABC.

Abb. 26.7 Dreieck im
Dreieck

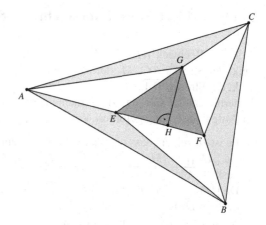

26.10 L-11.10 Verdeckte Notiz (82422)

Gesucht ist der Anteil der grauen Fläche des Quadrats vom gesamten Quadrat
(Abb. 26.8, links). Für die Lösung betrachten wir das zugrunde liegende Quadrat
$ABCD$ (Abb. 26.8, rechts).
Zeichne die Symmetrieachsen durch die Mitten der Quadratseiten ein. Dann gilt:
$|\sphericalangle SMH| + |\sphericalangle GMS| = 90°$ und $|\sphericalangle RMG| + |\sphericalangle GMS| = 90°$.
Also ist $|\sphericalangle SMH| = |\sphericalangle RMG|$.
Da außerdem $|MS| = |MR|$ und $|\sphericalangle HSM| = |\sphericalangle GRM| = 90°$, sind die Dreiecke
MSH und MRG kongruent (WSW). Analog zeigt man, dass auch die Dreiecke
EMP und MQF kongruent sind. Daraus folgt: Die graue Fläche ist halb so groß
wie die Fläche des Quadrats. Ihr Anteil beträgt also 50 %.

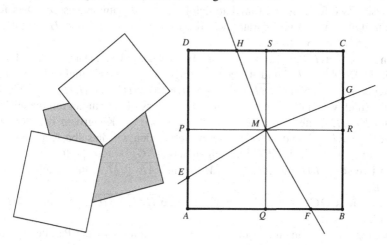

Abb. 26.8 Verdeckte Notiz

26.11   L-11.11 Viereck im Rechteck (82511)

Es sei im Rechteck $ABCD$ M_1 der Mittelpunkt der Strecke $\overline{AB}$, M_2 der Mittelpunkt der Strecke $\overline{BC}$, M_3 der Mittelpunkt der Strecke $\overline{CD}$ sowie M_4 der Mittelpunkt der Strecke $\overline{DA}$.

Weiterhin sei $EFGH$ das zu betrachtende (grau hinterlegte) Viereck, das, wie in
der Aufgabenstellung gefordert, konstruiert wurde (Abb. 26.9).

a) Es ist zu zeigen, dass das Viereck $EFGH$ ein Parallelogramm ist.

Da $|AM_1| = |M_3C|$ und $\overline{AM_1} \parallel \overline{M_3C}$, ist AM_1CM_3 ein Parallelogramm und
deshalb $\overline{AM_3} \parallel \overline{M_1C}$ bzw. $\overline{EH} \parallel \overline{FG}$.

Da $|DM_4| = |M_2B|$ und $\overline{DM_4} \parallel \overline{M_2B}$, ist M_4BM_2D ein Parallelogramm und
deshalb $\overline{DM_2} \parallel \overline{M_4B}$ bzw. $\overline{EF} \parallel \overline{HG}$.

Somit ist $EFGH$ ein Parallelogramm.

b) In Abb. 26.9 zeichnen wir die Parallele durch C zu $\overline{HG}$. Diese schneidet die
Gerade durch die Punkte E und H im Punkt H'. Weiterhin zeichnen wir die
Parallele durch A zu $\overline{EF}$. Diese schneidet die Gerade durch die Punkte G und
F im Punkt F'. Analog erhalten wir die Punkte E' und G' (Abb. 26.10).

Es gilt $|AM_1| = |M_1B|$, $|\sphericalangle AM_1F'| = |\sphericalangle BM_1F|$ (Scheitelwinkel) und
$|\sphericalangle F'AM_1| = |\sphericalangle FBM_1|$ (Wechselwinkel an geschnittenen Parallelen).

Somit gilt $\triangle AF'M_1 \cong \triangle M_1BF$ nach Kongruenzsatz WSW.

Es gilt $|BM_2| = |M_2C|$, $|\sphericalangle BM_2G'| = |\sphericalangle CM_2G|$ (Scheitelwinkel) und
$|\sphericalangle G'BM_2| = |\sphericalangle GCM_2|$ (Wechselwinkel an geschnittenen Parallelen).

Somit ist $\triangle BG'M_2 \cong \triangle M_2CG$ nach Kongruenzsatz WSW.

Analog gilt $\triangle CH'M_3 \cong \triangle M_3DH$ und $\triangle DE'M_4 \cong \triangle M_4AE$.

Wegen $\triangle AF'M_1 \cong \triangle M_1BF$, $\triangle BG'M_2 \cong \triangle M_2GC$, $\triangle CH'M_3 \cong \triangle M_3DH$
und $\triangle DE'M_4 \cong \triangle M_4AE$ hat das Zwölfeck

$AF'FBG'GCH'HDE'E$ den gleichen Flächeninhalt wie das Rechteck $ABCD$.

Dieses Zwölfeck ist aus fünf Parallelogrammen zusammengesetzt. Dies folgt
unmittelbar aus a) und daraus, wie die Punkte E', F', G' und H' konstruiert
wurden (Abb. 26.10).

Im Dreieck AHD gilt $|DM_4| = |M_4A|$ und $\overline{DH} \parallel \overline{M_4E}$. Daraus folgt $|AE| =$
$|EH|$. Da $\overline{AF'} \parallel \overline{EF}$ und $\overline{AE} \parallel \overline{FF'}$, folgt $|AE| = |FF'|$ und $|AF'| = |EF|$.

Wegen $\overline{EF} \parallel \overline{HG}$ und $\overline{EH} \parallel \overline{FG}$, gilt $|EF| = |HG|$ und $|EH| = |FG|$. Da-
raus (und wegen der Lagebeziehung) folgt, dass die Parallelogramme $AF'FE$
und $EFGH$ kongruent sind. Analog zeigen wir die Kongruenz der Parallelogramme $EFGH$ und $HGCH'$. Dazu verwenden wir dieselbe Argumentation
wie oben im Dreieck FBC und zeigen, dass $|FG| = |GC|$ gilt.

Im Dreieck ABE gilt $|AM_1| = |M_1B|$ und $\overline{AE} \parallel \overline{M_1F}$ und damit $|EF| =$
$|FB|$.

Im Dreieck DGC gilt $|DM_3| = |M_3C|$ und $\overline{HM_3} \parallel \overline{GC}$ und damit $|DH| =$
$|HG|$.

Analog wie im obigen Absatz zeigen wir die Kongruenz der Parallelogramme
$E'EHD$, $EFGH$ und $FBG'G$.

Das Zwölfeck ist also aus *fünf* kongruenten Parallelogrammen zusammengesetzt. Damit beträgt der Anteil des Vierecks $EFGH$ ein Fünftel der Rechteckfläche, also 20 %.

Abb. 26.9 Viereck im Rechteck a)

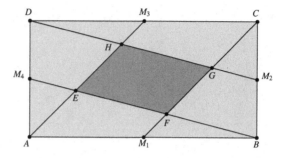

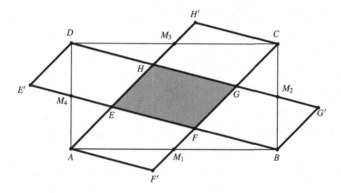

Abb. 26.10 Viereck im Rechteck b)

Kapitel 27
Geometrische Algebra

Inhaltsverzeichnis

27.1   L-12.1 Wandernde Ecke (82212)

Die Gerade durch die Punkte A und B hat die Gleichung $y = \frac{4}{3}x$.
Damit C auf ihr liegt, muss $c = \frac{8}{3}$ gelten.
Es sind drei Fälle, abhängig von der Lage von C, zu betrachten (Abb. 27.1).

Fall 1: C liegt oberhalb oder in gleicher Höhe zu B, d. h., $c \geq 4$. Für $c \geq 4$ erhält
man den Flächeninhalt A von Dreieck ABC durch Subtraktion entspre-
chender Dreiecksflächen von der Rechteckfläche (Abb. 27.1, links).
Es ist: $A = 5 = 3c - \frac{3 \cdot 4}{2} - \frac{2c}{2} - \frac{1 \cdot (c-4)}{2} = \frac{3}{2} \cdot c - 4$
$\Rightarrow c = 6$

Fall 2: C liegt unterhalb von B und oberhalb der Geraden AB,
d. h. $\frac{8}{3} \leq c < 4$ (Abb. 27.1, Mitte).
Es ist: $A = 5 = 3 \cdot 4 - \frac{3 \cdot 4}{2} - \frac{3 \cdot (4-c)}{2} - \frac{4 \cdot 2}{2} = \frac{3}{2} \cdot c - 4$
$\Rightarrow c = 6$
Das ist aber ein Widerspruch zur Bedingung $c < 4$.

3. Fall: C liegt zwischen x-Achse und der Geraden AB,
d. h. $0 \leq c < \frac{8}{3}$ (Abb. 27.1, rechts).
Es ist: $A = 5 = 3 \cdot 4 - \frac{3c}{2} - \frac{4 \cdot 1}{2} - \frac{3 \cdot 4}{2} = 4 - \frac{3}{2} \cdot c$
$\Rightarrow c = -\frac{2}{3} < 0$.
Dieser Fall kann wegen $c \geq 0$ nicht eintreten.

Somit kommt für c nur die Lösung $c = 6$ infrage.

© Springer-Verlag GmbH Deutschland, ein Teil von Springer Nature 2018
P. Jainta et al., *Mathe ist noch mehr*, https://doi.org/10.1007/978-3-662-56651-0_27

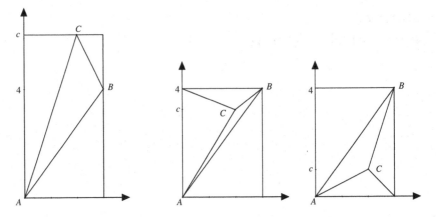

Abb. 27.1 Wandernde Ecke

27.2 L-12.2 Quadratschnitte (72223)

Es sei y die Länge der quadratischen Platte und x die Länge des größeren Quadrats, das beim (vollständigen) Zerlegen neben den 255 Quadraten mit der Seitenlänge 1 entstehen soll (Abb. 27.2). Neben der Seitenlänge x muss auch y ganzzahlig sein, da sonst die geforderte vollständige Zerlegung in 255 Quadrate mit Flächeninhalt 1 und ein größeres Quadrat nicht möglich ist.

Außerdem gilt: $x > 1$, $y > 1$ und $y > x$.

Nach Aufgabenstellung ist $y^2 = 255 + x^2$ bzw. $y^2 - x^2 = 255$.

Mithilfe der dritten binomischen Formel erhält man:

$(y + x)(y - x) = 255$ mit $y > x$ (*)

Nun bestimmt man mithilfe der Primfaktorzerlegung von $255 = 3 \cdot 5 \cdot 17$ alle Zerlegungen von 255 in zwei ganzzahlige Faktoren und erhält:

$1 \cdot 255$, $3 \cdot 85$, $5 \cdot 51$ und $15 \cdot 17$.

In der obigen Zerlegung ist $(y - x) < (y + x)$. Also sind vier Fälle zu betrachten:

(1) Aus $y - x = 1$ und $y + x = 255$ folgt $y = 128$, $x = 127$.
(2) Aus $y - x = 3$ und $y + x = 85$ folgt $y = 44$, $x = 41$.
(3) Aus $y - x = 5$ und $y + x = 51$ folgt $y = 28$, $x = 23$.
(4) Aus $y - x = 15$ und $y + x = 17$ folgt $y = 16$, $x = 1$.

Da $x > 1$ sein soll, kommen als Werte für die Seitenlänge der Platte nur 128, 44 und 28 in Betracht.

Probe:

$$128^2 = 16\,384 = 255 + 16\,129 = 255 + 127^2;$$
$$44^2 = 1\,936 = 255 + 1\,681 = 255 + 41^2;$$
$$28^2 = 784 = 255 + 529 = 255 + 23^2.$$

Abb. 27.2 Quadratschnitte

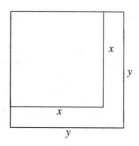

27.3 L-12.3 Quadratdifferenz (82221)

Es sei y die Seitenlänge des größeren und x die Seitenlänge des kleineren Quadrats.
Nun soll gelten: $y^2 - x^2 = 400$.
Mithilfe der dritten binomischen Formel erhält man:
$(y + x)(y - x) = 400$ mit $y > x > 0$
Nun bestimmt man mithilfe der Primfaktorzerlegung von $400 = 2^4 \cdot 5^2$ alle Zerle-
gungen von 400 in zwei ganzzahlige Faktoren und erhält:

(1) $1 \cdot 400$
(2) $2 \cdot 200$
(3) $4 \cdot 100$
(4) $5 \cdot 80$
(5) $8 \cdot 50$
(6) $10 \cdot 40$
(7) $16 \cdot 25$
(8) $20 \cdot 20$

Da die beiden Gleichungen $y + x = a$ und $y - x = b$ und mit $a, b \in \mathbb{N}$ und $a > b$
die Lösungen $x = \frac{a-b}{2}$ und $y = \frac{a+2}{2}$ haben, müssen a und b beide gerade oder
beide ungerade sein, damit x und y ganzzahlig sind.
Damit entfallen die Zerlegungen (1), (4) und (7); wegen $x > 0$ auch (8).
Daraus ergeben sich genau vier Lösungen:

(1) Aus $y - x = 2$ und $y + x = 200$ folgt $y = 101, x = 99$.
(2) Aus $y - x = 4$ und $y + x = 100$, folgt $y = 52, x = 48$.
(3) Aus $y - x = 8$ und $y + x = 50$, folgt $y = 29, x = 21$.
(4) Aus $y - x = 10$ und $y + x = 40$, folgt $y = 25, x = 15$.

27.4 L-12.4 Riesenweg (82513)

Die Inhalte benachbarter Flächen unterscheiden sich um den Faktor 2 (Abb. 27.3):

$$F_1 = \frac{1}{2}, \quad F_2 = 1, \quad F_2 = 2, \dots, F_8 = 64, \dots, F_n = 2^{n-2}$$

a) Die gesuchte Fläche A_1 ergibt sich als Summe der Teilflächen F_i
   $(i = 1, 2, \ldots, 8)$, also
   $A_1 = \frac{1}{2} + 1 + 2 + 4 + 8 + 16 + 32 + 64 = 127{,}5.$

b) Bei 25 vollständigen Umläufen hat der Endpunkt des Weges die Nummer $n =$
   $25 \cdot 8 = 200.$

c) $A_2 = 2^{198} + 2^{197} + \ldots + 2^{191} = 2^{191}(2^7 + 2^6 + \ldots + 2 + 1) = 2^{191} \cdot 255.$
   Die ungeraden Wegabschnitte verdoppeln sich von einer ungeraden Nummer
   zur nächstgrößeren ungeraden Nummer um den Faktor 2.
   $d_1 = 1; d_3 = 2^1; d_5 = 2^2; \ldots; d_{201} = 2^{100}$, da 201 die 101. ungerade Zahl ist.
   $\overline{OP_n} = d_{n+1} = 2^{100} = 1\,024^{10}.$

Abb. 27.3 Riesenweg

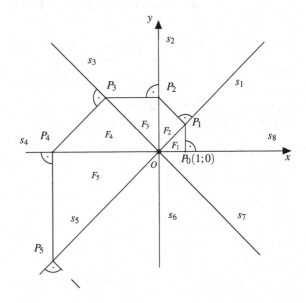

Kapitel 28
Besondere Zahlen

Inhaltsverzeichnis

28.1 L-13.1 2 013 teilt... 2 012 (82111)

Wir suchen nach der kleinsten Zahl x, für die gilt: $2013 \cdot x = \ldots 2012$.
Die Einerziffer von x muss 4 sein, da nur das Produkt aus 3 und 4 die Endziffer
2 hat. Wegen $2013 \cdot 4 = 8052$ und $5 + 6 = 11$ muss das Produkt aus 3 und der
Zehnerziffer die Endziffer 6 haben. Dies trifft nur für die Zehnerziffer 2 zu.
Damit muss gelten: $2013 \cdot \ldots 24 = \ldots 2012$. Wegen $2013 \cdot 24 = 48312$ und
$3 + 7 = 10$ muss das Produkt aus 3 und der Hunderterziffer die Endziffer 7 haben.
Dies trifft nur für die Hunderterziffer 9 zu.
Damit muss gelten: $2013 \cdot \ldots 924 = \ldots 2012$. Wegen $2013 \cdot 924 = 1860012$ und
$0 + 2 = 2$ muss das Produkt aus 3 und der Tausenderziffer die Endziffer 2 haben.
Dies trifft nur für die Tausenderziffer 4 zu.
Mit $x = 4924$ erhält man deshalb mit $2013 \cdot 4924 = 9912012$ die kleinste Zahl
mit der geforderten Eigenschaft.

28.2 L-13.2 Kaputter Tacho (72121)

1. Lösungsweg
Da der Tacho die Ziffer 5 nicht anzeigt, verwendet er nur neun Ziffern. Er zählt
die gefahrenen Kilometer also in einem „Neunerzahlensystem", nur, dass hier die

© Springer-Verlag GmbH Deutschland, ein Teil von Springer Nature 2018
P. Jainta et al., *Mathe ist noch mehr*, https://doi.org/10.1007/978-3-662-56651-0_28

Ziffern 6, 7, 8 und 9 die Ziffern 5, 6, 7 und 8 des Zahlensystems mit der Basis 9 repräsentieren. Die Ziffern 0, 1, 2, 3 und 4 bleiben unverändert.

Die angezeigte Zahl 002 787 entspricht demnach der Zahl 002 676 im Neunersystem mit den Ziffern 0, 1, 2, 3, 4, 5, 6, 7 und 8.

Daraus ergibt sich für die Anzahl K gefahrener Kilometer:

$$K = \mathbf{2} \cdot 9^3 + \mathbf{6} \cdot 9^2 + \mathbf{7} \cdot 9 + \mathbf{6} = 1\,458 + 486 + 63 + 6 = 2\,013.$$

Tom ist also 2 013 km mit seinem Fahrrad gefahren.

2. Lösungsweg

Die Anzahl K der gefahrenen Kilometer ergibt sich aus der Differenz der angezeigten und der Anzahl der übersprungenen Kilometer.

Die übersprungenen sind: zwischen 500 und 599, 1 500 und 1 599 sowie 2 500 und 2 599 jeweils 100 km, also insgesamt 300; ferner für jeden der weiteren 24 „vollen" Hunderter die Kilometerangaben mit den Endziffern 5, 15, ..., 45, 50, 51, ..., 59, 65, ..., 95. Insgesamt sind das pro Hunderter 19 km und ergibt zusammen 24 · 19 = 456. Nun fehlen zwischen 2 700 und 2 787 noch nicht angezeigte 18 km, und zwar 19 für den vollen Hunderter zwischen 2 700 und 2 799 abzüglich der nicht mehr erreichten 2 795.

Daraus ergibt sich für die Anzahl K gefahrener Kilometer:

$$K = 2\,787 - (300 + 456 + 18) = 2\,013\,\text{km}$$

Tom fuhr also tatsächlich 2 013 km mit seinem Fahrrad.

28.3   L-13.3 2 015 verprimelt (72321)

Die eindeutige Primfaktorzerlegung von 2 015 lautet $2\,015 = 5 \cdot 13 \cdot 31$.

Also kann p nur eine der Zahlen 5, 13 und 31 sein.

Es sei $p = 5$. Dann muss wegen $2\,015 = 5 \cdot 403$ gelten: $q + r = 403$.

Da die Summe ungerade ist, ist genau einer der Summanden gerade. Somit ist $r = 2$, da 2 die einzige gerade Primzahl ist und $q > r$ gelten soll. Somit muss $q = 401$ sein. 401 ist eine Primzahl, wie man leicht verifizieren kann.

Somit hat man eine Lösung gefunden: $p = 5$; $q = 401$; $r = 2$.

Ein analoges Vorgehen für $p = 13$ bzw. $p = 31$ führt zu:

$2\,015 = 13 \cdot 155 = 13 \cdot (153 + 2)$ bzw. $2\,015 = 31 \cdot 65 = 31 \cdot (63 + 2)$.

Aber $153 = 3 \cdot 51$ und $63 = 7 \cdot 9$ sind keine Primzahlen.

Also gibt es nur die Lösung $p = 5$; $q = 401$; $r = 2$.

28.4   L-13.4 Quadratzahl XXL (82423)

Da 2 016 auf 6 endet, kann die zu quadrierende Zahl als Einerziffer nur eine 4 oder eine 6 haben. Damit muss gelten:

$$(1) \qquad (10x + 4)^2 = 10\,000a + 2\,016 \quad \text{oder}$$
$$(2) \qquad (10x + 6)^2 = 10\,000a + 2\,016 \quad (a, x \in \mathbb{N})$$

Aus Gleichung (1) folgt:
$100x^2 + 80x + 16 = 10\,000a + 2\,016;$
$20x(5x + 4) = 2\,000(5a + 1); \; x(5x + 4) = 100(5a + 1).$
Da $5x + 4$ kein Vielfaches von 5 sein kann, muss x ein Teiler von 100 sein, d. h. $x = 50k$ mit $k \in \mathbb{N}$.
Es folgt $50k(250k + 4) = 100(5a + 1)$ bzw. $100k(125k + 2) = 100(5a + 1)$ bzw. $k(125k + 2) = 5a + 1$, also $5a = 125k^2 + 2k - 1$. Das kleinste k, das diese Bedingung erfüllt, ist $k = 3$, woraus sich für a ergibt: $5a = 1\,125 + 6 - 1 = 1\,130$, d. h. $a = 226$. Man erhält als Lösung die Quadratzahl $2\,262\,016 = 1\,504^2$.
Aus Gleichung (2) folgt:
$100x^2 + 120x + 36 = 10\,000a + 2\,016; \; 20[x(5x + 6) + 1] = 2\,000(5a + 1);$
$x(5x + 6) + 1 = 100(5a + 1); \; 5x2 + 6x + 1 = 100(5a + 1); \; (5x + 1)(x + 1) = 100(5a + 1).$
Da x ungerade sein muss und $5x + 1$ nicht durch 5 teilbar ist, muss $x + 1 = 50k$ sein mit $k \in \mathbb{N}$.
Es folgt $50k[5(50k - 1) + 1] = 100(5a + 1)$ bzw. $k(250k - 4) = 2(5a + 1)$ bzw. $2k(125k - 2) = 2(5a + 1)$ bzw. $125k^2 - 2k = 5a + 1$ bzw. $125k^2 - 2k - 1 = 5a$. Das kleinste k, das diese Bedingung erfüllt, ist $k = 2$, woraus sich für a ergibt: $5a = 500 - 4 - 1 = 495$, d. h. $a = 99$.
Man erhält als Lösung die Quadratzahl $992\,016 = 996^2$.
Damit ist $992\,016$ die kleinste Quadratzahl, die auf $2\,016$ endet.
Als Quersumme von 996 erhält man 24.

28.5   L-13.5 2 017 als Summe (82523)

Es soll gelten:
$2\,017 = a + (a + 1) + (a + 2) + \ldots + (a + k)$: mit $a \geq 0, k > 0; a, k \in \mathbb{N}$.
(a ist die Anfangszahl und $k + 1$ die Anzahl der Summanden.)
Daraus folgt mit Anwendung der Summenformel von Gauß:

$$2\,017 = (k + 1) \cdot a + \frac{k(k + 1)}{2}$$
$$= (k + 1)\left(a + \frac{k}{2}\right)$$
$$\Rightarrow 4\,034 = (k + 1)(2a + k)$$

Die Primfaktorzerlegung von $4\,034$ ist $2 \cdot 2\,017$. Für die Zerlegung in zwei positive ganzzahlige Faktoren gibt es nur die vier Möglichkeiten $1 \cdot 4\,034, 2 \cdot 2\,017, 2\,017 \cdot 2$ und $4\,034 \cdot 1$.

Nur für den Fall, dass $2 = (k + 1)$ und $2\,017 = (2a + k)$ ist, kann man die obige Gleichung mit den Bedingungen $a \geq 0, k > 0; a, k \in \mathbb{N}$ lösen.

Es ergibt sich also $k = 1$ und $a = \frac{2016}{2} = 1\,008$.

Somit ist $2\,017 = 1\,008 + 1\,009$ die einzige Zerlegung, die den Bedingungen genügt.

28.6 L-13.6 Teilbar durch 27? (82121)

a) Für $999, 9\,369$ und $545\,454$ gilt Evas Behauptung:
   Sei $QS(z)$ die Quersumme der Zahl z. Dann gilt:
   $QS(999) = 27$ und $999 = 27 \cdot 37$; $QS(9\,369) = 27$ und $9\,369 = 27 \cdot 347$;
   $QS(545\,454) = 27$ und $545\,454 = 27 \cdot 20\,202$.

b) Evas Behauptung trifft auf die Zahl $9\,549 = 27 \cdot 353 + 18$ nicht zu, da $9\,549$ nicht durch 27 teilbar ist, obwohl ihre Quersumme 27 durch 27 teilbar ist.

c) Evas Behauptung wird richtig, wenn z. B. zusätzlich gefordert wird, dass alle Ziffern der Zahl durch 3 teilbar sind.
   Beweis:
   Sei die Dezimaldarstellung der Zahl z gegeben durch
   $z = 10^{n-1} \cdot a_{n-1} + 10^{n-2} \cdot a_{n-2} + \ldots 10^1 \cdot a_1 + a_0.$
   Dann gilt:

$$
\begin{aligned}
z &= (10^{n-1} - 1) \cdot a_{n-1} + a_{n-1} + (10^{n-2} - 1) \cdot a_{n-2} + a_{n-2} + \ldots \\
&\quad + (10 - 1) \cdot a_1 + a_1 + a_0 \\
&= (10^{n-1} - 1) \cdot a_{n-1} + (10^{n-2} - 1) \cdot a_{n-2} + \ldots + (10 - 1) \cdot a_1 + \\
&\quad + (a_{n-1} + a_{n-2} + \ldots + a_1 + a_0)
\end{aligned}
$$

Die Summe $(a_{n-1} + a_{n-2} + \ldots + a_1 + a_0)$ stellt die Quersumme der Zahl z dar und ist laut Voraussetzung durch 27 teilbar.

Die Faktoren vor den Ziffern a_k $(k = 1, 2, \ldots, n-1)$ sind immer durch 9 teilbar. Sind die Ziffern a_k zusätzlich durch 3 teilbar, so sind alle Produkte $(10^k - 1) \cdot a_k$ demnach durch 27 teilbar.

Da eine Summe von Zahlen, die durch 27 teilbar sind, auch durch 27 teilbar ist, folgt die Teilbarkeit durch 27 für die gesamte Zahl z.

28.7   L-13.7 Gespiegelte Zahlen (72421)

Es sei $\overline{abcde}$ die Zifferndarstellung von n.
Dann ist $s = \overline{edcba}$ die Zifferndarstellung der Spiegelzahl von n.
Es soll gelten: $9 \cdot \overline{abcde} = \overline{edcba}$.

(1) Da s das Produkt einer fünfstelligen Zahl mit 9 und ebenfalls fünfstellig ist kann n maximal 11 111 sein. Also gilt $a = 1$.

(2) Die Spiegelzahl endet also auf 1, und demzufolge muss gelten: $e = 9$, da nur $9 \cdot \mathbf{9} = 81$ die Endziffer 1 liefert. Also gilt: $9 \cdot n = \overline{1bcd9} = \overline{9dcb1}$.

(3) b kann nur 0 oder 1 sein.
   Sei $b = 1$. Dann hätte man $9 \cdot \overline{11cd9} = \overline{9dc11}$.
   Mit den Regeln der schriftlichen Multiplikation muss also $9 \cdot d + 8$ auf 1 enden (8 ist der Übertrag von $9 \cdot 9 = 81$). Das ist nur für $d = 7$ möglich.
   Demnach müsste gelten: $9 \cdot \overline{11c79} = \overline{97c11}$.
   Wegen (1) kann nur $c = 0$ sein, aber $9 \cdot 11\,079 = 99\,711 \neq 97\,011$.
   Demnach kann nur $b = 0$ gelten.
   Damit ergibt sich $9 \cdot \overline{10cd9} = \overline{9dc01}$.
   Hier gilt $9 \cdot (10d + 9) = 90d + 81$. Das Ergebnis muss auf 01 enden.
   Dies gilt nur für $d = 8$.

(4) Es verbleibt also noch $9 \cdot \overline{10c89} = \overline{98c01}$.
   Man kann jetzt alle Ziffern $0, 1, \ldots, 8, 9$ durchprobieren und kommt auf $c = 9$.
   Oder man benutzt folgende Beziehung:

$$9 \cdot (10\,000 + 100c + 89) = 98\,000 + 100c + 1$$
$$90\,000 + 900c + 801 = 98\,000 + 100c + 1$$
$$\Rightarrow 800c = 7\,200$$
$$c = 9$$

Also gilt $n = 10\,989$.
Probe: $9 \cdot 10\,989 = 98\,901$ und 98 901 ist tatsächlich Spiegelzahl zu 10 989.
Also lautet Koljas Zahl 10 989.

Kapitel 29
Probleme des Alltags

Inhaltsverzeichnis

29.1   L-14.1 Mädchenpower (72221)

Zu Milas Klasse gehören M Mädchen und J Jungen. Seien m bzw. j die von den Mädchen und Jungen erzielten Punkte.
Dann gilt für den Durchschnitt d: $d = \frac{m+j}{M+J}$.
Hätte jedes Mädchen drei Punkte mehr erzielt, dann würde der Durchschnitt um 1,2 Punkte steigen, also würde gelten:
$d + 1,2 = \frac{m+j+3M}{M+J} = d + \frac{3M}{M+J}$, also ist $\frac{3M}{M+J} = 1,2$.
Daraus ergibt sich der Mädchenanteil $\frac{M}{M+J}$ in der Klasse zu
$\frac{M}{M+J} = 1,2 : 3 = 0,4 = \frac{2}{5}$; also ist $M + J = \frac{5}{2}M$.
Da $20 < M + J < 30$, ist nur $M = 10$ und somit nur $M + J = 25$ möglich. Also sind in der Klasse zehn Mädchen.

29.2   L-14.2 Mathetag (72411)

Die Anzahl der FüMO-Sieger sei f. Dann folgt aus der Aussage von Paul: $50 < f + 19 < 80$, also $31 < f < 61$, d. h. $f = 36$ oder $f = 45$ oder $f = 54$.
Die Aussage von Alfred liefert: $20 < f - 17 < 40$, also $37 < f < 57$, d. h. $f = 45$ oder $f = 54$. Die Aussage von Eike ergibt für $f = 45$: $45 + 19 = 64$ und

$64 - 13 = 51$ (nicht durch 6 teilbar), für $f = 54$ erhält man: $54 + 19 = 73$ und
$73 - 13 = 60$ (durch 6 teilbar).
Antwort: In jedem Workshop sind zehn Schüler.

29.3   L-14.3 Platz für Schafe (82413)

Wir beschriften das Dreieck wie in Abb. 29.1 zu sehen.
Die Terme $x, y, 5, 8$ und 10 geben die entsprechenden Flächeninhalte an.
Für den Flächeninhalt eines Dreiecks gilt: $A = \frac{g \cdot h}{2}$.
Hiervon ausgehend folgt dann: Stimmen zwei Dreiecke in einer Höhe überein, dann
verhalten sich ihre Flächen wie die entsprechenden Grundseiten.

(1) Die Dreiecke AFC, FEC bzw. AFB, FEB besitzen jeweils eine gemeinsame
    Höhe bzgl. AF und FE.
(2) Analog besitzen die Dreiecke DFC, DFA bzw. DBC, ABD eine gemeinsame
    Höhe bzgl. CD und DA.

Aus (1) folgt $\frac{x+5}{y} = \frac{AF}{FE} = \frac{10}{8}$, aus (2) folgt $\frac{x}{5} = \frac{CD}{AD} = \frac{x+y+8}{15}$.
Durch Umstellen erhält man:

(1) $8x - 10y = -40$
(2) $10x - 5y = 40$

Nach Addition von (1) und (2) erhält man $18x - 15y = 0$ bzw. $18x = 15y$, d. h.
$y = \frac{6x}{5}$.
Eingesetzt in (1) ergibt sich $8x + 40 = 12x$, also $4x = 40$ bzw. $x = 10$.
Damit ist $y = 12$, und im Bereich N können $x + y = 22$ Schafe grasen.

Abb. 29.1 Platz für Schafe

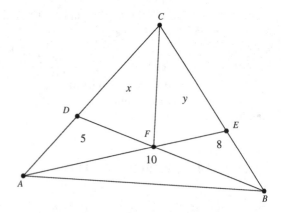

29.4   L-14.4 Locker vom Barhocker (72422)

Wenn der Besucher mit x Euro und y Cent (x, y positive ganze Zahlen) die Bar betritt, beträgt der Geldbetrag $(x + \frac{y}{100})$ Euro. Eine Viertelstunde später ist der Anfangsbetrag auf ein Viertel geschrumpft, also auf den Wert $(\frac{x}{4} + \frac{y}{400})$ Euro $= \frac{y}{2}$ Euro $+ x$ Cent $= (\frac{y}{2} + \frac{x}{100})$ Euro.

Durch Umformen erhalten wir $100x + y = 200y + 4x$ oder $96x = 199y$.

Aus der letzten Gleichung folgt:

Die Primzahl 199 ist ein Teiler von x, d. h. $x = n \cdot 199, n = 1, 2, 3, \ldots$

Für $n \geq 2$ ergibt sich somit $96 \cdot n \cdot 199 = 199 \cdot y$ mit $y = n \cdot 96$.

Dies hätte aber $y > 100$ zur Folge, was der Voraussetzung $y < 100$ widerspricht.

Somit muss $n = 1$, $x = 199$ und $y = 96$ gelten.

Der Besucher hatte zu Beginn den Betrag 199,96 Euro einstecken und nach einer Viertelstunde drei Viertel davon, also 149,97 Euro, ausgegeben.

29.5   L-14.5 Der gemeinsame Brunnen (72423)

Wir verwenden die Bezeichnungen und Beziehungen aus Abb. 29.2.

Die Flächeninhalte A_1, A_2 und A_3 der Dreiecke XBZ, XYB und YZB verhalten sich wie $1 : 2 : 3$.

Ist A der Flächeninhalt des Dreiecks XYZ, so gilt:

$A_1 = \frac{1}{6}A$, $A_2 = \frac{1}{3}A$ und $A_3 = \frac{1}{2}A$.

Sei h_1 die Länge des Lotes von Y auf XZ. Dann ist $A = \frac{1}{2}h_1 \cdot XZ$.

Wegen $A_1 = \frac{1}{6}A = \frac{1}{6} \cdot \frac{1}{2}h_1 \cdot XZ = \frac{1}{2} \cdot (\frac{1}{6}h_1) \cdot XY$ muss

B von XY den Abstand $\frac{1}{6}h_1$ haben.

Sei h_2 die Länge des Lotes von Z auf XY. Dann ist $A = \frac{1}{2}h_2 \cdot XY$. Wegen $A_2 = \frac{1}{3}A = \frac{1}{3} \cdot \frac{1}{2}h_2 \cdot XY = \frac{1}{2} \cdot (\frac{1}{3}h_2) \cdot XY$ muss B von XY den Abstand $\frac{1}{3}h_2$ haben.

Deshalb ist B der Schnittpunkt der Parallelen zu XZ im Abstand $\frac{1}{6}h_1$ und der Parallelen zu XY im Abstand $\frac{1}{3}h_2$.

Abb. 29.2 Der gemeinsame
Brunnen

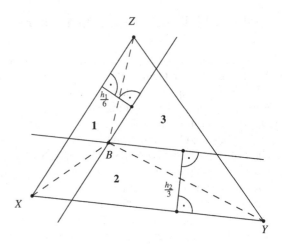

29.6   L-14.6 Viel Glück beim Spiel (72513)

a) Wir bezeichnen mit x, y und z die Beträge, die an den Ersten, Zweiten und
Dritten in jeder Runde ausbezahlt werden.

Es sei n die Anzahl der gespielten Runden. Der Gesamtgewinn in Euro beträgt
nach n Runden also $n(x + y + z) = 39 (= 20 + 10 + 9)$ bzw. $x + y + z = \frac{39}{n}$,
wobei $x + y + z$ eine ganze Zahl ist.

Die Teiler von 39 sind 1, 3, 13 und 39. Da nach Voraussetzung mehrere Runden
gespielt worden sind, scheidet $n = 1$ aus.

Für $n = 39$ muss $x + y + z = 1$ sein, im Widerspruch zur Annahme, dass
x, y, $z > 0$ ganzzahlig und paarweise verschieden sind.

Aus dem gleichen Grund scheidet auch $n = 13$ aus, da $x + y + z \geq 6$.

Also sind $n = 3$ Runden gespielt worden.

b) Für $n = 3$ ist $x + y + z = 13$. Wir nehmen an, dass $x > y > z$ ist.

Da einer der Freunde 20 Euro gewonnen hat und drei Runden gespielt wurden,
muss $x \geq 7$ sein. Da x, y, $z \geq 1$ paarweise verschieden sind, bleiben also nur
die folgenden vier Möglichkeiten, um die Beträge x, y und z auf den Gesamt-
rundengewinn 13 aufzuteilen:

(1) $10 + 2 + 1 = 13$
(2) $8 + 4 + 1 = 13$
(3) $8 + 3 + 2 = 13$
(4) $7 + 4 + 2 = 13$

Möglichkeit (1) scheidet aus, da es unmöglich ist, mit 1 bzw. 2 Euro Rundengewinn nach drei Runden auf 9 Euro zu kommen. Gegen Möglichkeit (3) spricht,
dass 9 Euro nur mit $3 \cdot 3$ Euro erreicht werden können, es dann aber nicht mehr
möglich ist, auf 10 Euro zu kommen.

Die Möglichkeit (4) $7+4+2 = 13$ kann ausgeschlossen werden, da der Gewinn 20 nicht erreicht werden kann.

Es ist $7 + 7 + 7 = 21 > 20$ und $7 + 7 + 4 = 18 < 20$.

Übrig bleibt somit nur die Belegung $x = 8, y = 4$ und $z = 1$, denn mit $1 + 4 + 4 = 9, 8 + 1 + 1 = 10, 4 + 8 + 8 = 20$ existiert tatsächlich eine mögliche Gewinnkombination.

Kapitel 30
... mal was ganz anderes

Inhaltsverzeichnis

30.1   L-15.1 Regionalbahn (82123)

Es ist $|AK| = 56$ und $|AK| = |AD| + |DG| + |GJ| + |JK|$. Wegen
$|AD|, |DG|, |GJ| \geq 17$ muss $|JK| \leq 5$ sein, damit $|AK| = 56$ gelten kann.
Weiter ist $|HK| \geq 17$, und wegen $|JK| \leq 5$ muss $|HJ| \leq 12$ sein.
Somit gilt die Gleichheit für $|HJ| = 12$.
Wegen $|HK| \geq 17$ und $|HJ| \leq 12$ muss $|JK| \geq 5$ sein, d.h. $|JK| = 5$.
Aus Symmetriegründen folgt nun auch $|AB| = 5$ und $|BD| = 12$.
Somit ist $|DH| = |AK| - |AB| - |BD| - |HJ| - |JK| = 56 - 5 - 12 - 5 - 12 = 22$.
Weiter ist $|GJ| \geq 17$, und mit $|HJ| = 12$ ergibt sich $|GH| \geq 5$.
Wegen $|DG| \geq 17$ und $|DH| = |DG| + |GH| = 22$ erhält man nun $|DG| = 17$
und $|GH| = 5$. Schließlich ist $|BG| = |BD| + |DG| = 12 + 17 = 29$.
Somit sind die Haltestellen B und G 29 km voneinander entfernt.

30.2   L-15.2 Figuren legen (72323)

a) Für jede neue Reihe in ihrem Dreieck braucht Maria zwei Dreiecke mehr. Sie
braucht also immer $1 + 3 + 5 + 7 + \ldots + (2k - 1) = k^2$ Dreiecke. Da $2\,014 = 2 \cdot 19 \cdot 53$ keine Quadratzahl ist, kann sie kein Dreieck legen.
b) Um ein gleichschenkliges Trapez zu bekommen, bräuchte Maria
$k^2 - n^2$ Dreiecke. Es ist $k^2 - n^2 = (k - n)(k + n)$.
Sind k und n beide gerade oder ungerade, dann sind $k + n$ und $k - n$ ebenfalls
gerade Faktoren. Das ist aber nicht möglich, da $2\,014$ nur einmal den Faktor 2

© Springer-Verlag GmbH Deutschland, ein Teil von Springer Nature 2018   161
P. Jainta et al., *Mathe ist noch mehr*, https://doi.org/10.1007/978-3-662-56651-0_30

enthält. Ist entweder k oder n gerade oder ungerade, werden die Faktoren $k + n$ und $k - n$ beide ungerade. Auch das ist nicht möglich, da sich 2 014 nicht in zwei ungerade Faktoren zerlegen lässt.

c) Für ein Parallelogramm braucht Maria für jede Reihe eine gerade Anzahl von Dreiecken. Hierfür gibt es vier Möglichkeiten:
$(2; 1\,007)$, $(38; 53)$, $(106; 19)$ und $(2\,014; 1)$.

30.3   L-15.3 Ein-Weg-Sterne (82412)

a) Wenn man einen Ein-Weg-Stern mit n Spitzen erzeugen will, muss jeder Eckpunkt des n-Ecks verwendet werden. Dies trifft nur für solche Werte von k zu, die außer 1 keinen gemeinsamen Teiler mit 24 haben. Anderenfalls wird der entstehende Stern schon nach dem Zeichnen von weniger als 24 Diagonalen geschlossen, z. B. für $k = 9$. Nummeriert man die 24 Punkte mit 1 bis 24, so erhält man beim Weitergehen um neun Punkte den Stern
$$1 - 10 - 19 - 4 - 13 - 22 - 7 - 16 - 1.$$
Die einzigen Zahlen, die mit 24 keinen gemeinsamen Teiler haben, sind 5, 7, 11, 13, 17 und 19. Dabei entstehen für 5 und 19, 7 und 17 sowie 11 und 13 jeweils dieselben Sterne (Symmetrie).
Es kommen somit nur drei Diagonalenlängen infrage (Weitergehen um 5, 7 und 11 Punkte) (Abb. 30.1).

b) Man suche alle Zahlen k mit $1 < k < 0,5n$, für die $ggT(n; k) = 1$ gilt.

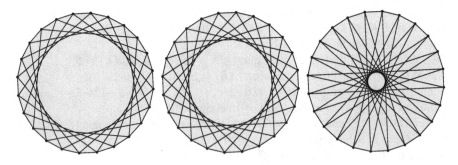

Abb. 30.1 Ein-Weg-Sterne

30.4   L-15.4 FüMO ist überall (72511)

Schreiben wir in jedes Feld die Anzahl der verschiedenen erlaubten Leseweisen, wie man vom zentralen F zu diesem Feld kommt, so erhalten wir die in Abb. 30.2 dargestellte Figur. Die Anzahl der Leseweisen ist die Summe der Randzahlen, also
$$(1 + 5 + 10 + 10 + 5) \cdot 4 = 124$$

Abb. 30.2 FüMO ist überall

					1					
				5	1	5				
			10	4	1	4	10			
		10	6	3	1	3	6	10		
	5	4	3	2	1	2	3	4	5	
1	1	1	1	1	F	1	1	1	1	1
	5	4	3	2	1	2	3	4	5	
		10	6	3	1	3	6	10		
			10	4	1	4	10			
				5	1	5				
					1					

30.5   L-15.5 Fußballturnier (82522)

Insgesamt werden $\frac{1}{2} \cdot 6 \cdot 5 = 15$ Spiele durchgeführt. Je Spiel erzielen beide Teams zusammen zwei oder drei Punkte. Der tatsächliche Gesamtpunktestand aller Teams kann demnach nur zwischen $15 \cdot 2 = 30$ (nur Remisspiele) oder $15 \cdot 3 = 45$ (nur Siege) liegen. Andererseits soll sich der Punktestand S am Ende als Summe von sechs unmittelbar aufeinanderfolgenden Zahlen zusammensetzen, d. h., es soll gelten:

$$S = a + (a + 1) + (a + 2) + (a + 3) + (a + 4) + (a + 5) = 6a + 15.$$

Dies führt zu folgender Abschätzung: $30 \le 6a + 15 \le 45$ bzw. $15 \le 6a \le 30$ und nach Division durch 6 schließlich $3 \le a \le 5$, da a ganzzahlig sein muss.
Wir zeigen, dass nur $a = 4$ eine Lösung ist.

(1) Es sei $a = 3$.
Die Gesamtsumme am Ende beträgt hier $S = 3 + 4 + 5 + 6 + 7 + 8 = 33$. Die beiden Teams mit sechs und sieben Punkten müssen jeweils mindestens eines aus fünf Spielen gewonnen haben. Die Mannschaft mit acht Punkten muss mindestens zwei Siege eingefahren haben, da $3 + 1 + 1 + 1 + 1 = 7 < 8$ ist. Insgesamt müssen demnach mindestens vier Siege erzielt worden sein. Daraus folgt nun für die Gesamtsumme S: $S \ge 4 \cdot 3 + 11 \cdot 2 = 34$, was wegen $S \le 33$ nicht möglich ist.

(2) Es sei $a = 5$.
Die Gesamtsumme beläuft sich jetzt auf $S = 15 + 30 = 45$. Es gibt also keine unentschiedenen Spiele. Da in diesem Fall jedes Team entweder 0 oder drei Punkte erhält, muss die Punktzahl eines jeden Teams ein Vielfaches von 3 sein. Damit können diese Einzelergebnisse aber keine fortlaufenden Zahlen sein.

(3) Es sei $a = 4$.
Dieser Fall kann tatsächlich eintreten.

Abb. 30.3 enthält eine Konstellation, in der die Mannschaften A bis F die Punktestände vier bis neun, wie gefordert, haben erzielen können. Die rechte Spalte enthält
die entsprechenden Punktzahlen.

Abb. 30.3 Fußballturnier

	A	B	C	D	E	F	■
A	–	3	1	0	0	0	**4**
B	0	–	1	0	3	1	**5**
C	1	1	–	3	0	1	**6**
D	3	3	0	–	1	0	**7**
E	3	0	3	1	–	1	**8**
F	3	1	1	3	1	–	**9**

Aufgaben geordnet nach Lösungsstrategien

Anwendung der Primfaktorzerlegung 2.16, 8.1, 9.4, 9.12, 12.2, 13.3

Anwendung des Stellenwertsystems 2.10

Binomische Formel 9.5, 9.7, 9.12, 12.2, 12.3, 13.4, 15.2

Bruchrechnung 2.10, 2.14, 4.3, 9.3

Diophantische Gleichung 4.6, 9.8, 9.10, 14.4

Fallunterscheidungen durchführen 1.1, 4.9, 4.11, 4.13, 5.1, 8.2, 8.3, 8.5, 9.1, 9.6, 9.11, 9.12, 9.13, 9.14, 12.1, 12.2, 13.3, 13.7, 14.2, 14.6, 15.2, 15.5

Flächeninhaltsformeln 6.1, 6.2, 11.2, 11.4, 11.6, 11.7, 11.8, 11.9, 11.10, 11.11, 12.4, 14.3, 14.5

Gauß'sche Summenformel 2.8, 13.5

Geschicktes Ausklammern 8.1, 9.5, 9.7

Gleichung(en) aufstellen 8.1, 8.2, 8.3, 8.5, 9.4, 9.5, 9.7, 9.9, 9.12, 9.15, 13.2, 13.4, 14.1, 15.4

Kombinatorik 2.1, 2.2

Kongruenz 11.5

Logisches Schlussfolgern 1.1, 1.3, 1.6, 1.7, 2.1, 2.2, 2.4, 2.5, 2.6, 2.7, 2.3, 2.9, 2.11, 2.13, 2.15, 2.17, 3.3, 4.5, 4.6, 4.7, 4.8, 4.10, 4.11, 4.12, 5.2, 5.3, 5.4, 5.5, 5.6, 5.10, 5.11, 6.3, 7.1, 7.2, 7.4, 7.5, 13.1, 15.1, 15.3

© Springer-Verlag GmbH Deutschland, ein Teil von Springer Nature 2018
P. Jainta et al., *Mathe ist noch mehr*, https://doi.org/10.1007/978-3-662-56651-0

Sachwortverzeichnis

Printed in the United States
By Bookmasters

Printed in the United States
By Bookmasters